"十四五"职业教育"特高"建设教材

楼宇电子技术

吴丽娟 ◎ 主　编
叶春燕　赵　静 ◎ 副主编

化学工业出版社

·北京·

内容简介

本教材选取典型的实用性楼宇电子产品制作为载体设置了八个教学项目,将模拟电路、数字电路、单片机、传感器的理论知识与电子焊接工艺、电子装配工艺相结合,引领读者进行电路原理分析与设计、元器件检测与焊接、电子产品装配与功能调试,以及Mulitisim、Proteus、Altium Designer等应用软件的学习,同时融入PCB板制作的技能实训。为增加教材的直观性和实用性,本教材配有制作精良的教学PPT、微课视频等资源,以供读者下载学习使用。

本教材可作为中等职业学校相关专业的教学用书,也可作为电工、电子设备装接工、家用电器维修工等工种的岗位培训教材。

图书在版编目(CIP)数据

楼宇电子技术 / 吴丽娟主编;叶春燕,赵静副主编. 北京 : 化学工业出版社,2024.8. -- ("十四五"职业教育"特高"建设教材). -- ISBN 978-7-122-45802-5

Ⅰ. TU855

中国国家版本馆CIP数据核字第20244Q6M28号

责任编辑:冉海滢　　　　　　　文字编辑:毛亚囡
责任校对:宋　夏　　　　　　　装帧设计:王晓宇

出版发行:化学工业出版社
　　　　（北京市东城区青年湖南街13号　邮政编码100011）
印　　装:北京七彩京通数码快印有限公司
787mm×1092mm　1/16　印张11¾　字数210千字
2024年8月北京第1版第1次印刷

购书咨询:010-64518888　　　　　售后服务:010-64518899
网　　址:http://www.cip.com.cn
凡购买本书,如有缺损质量问题,本社销售中心负责调换。

定　　价:49.80元　　　　　　　　　　　版权所有　违者必究

前言

　　为学习贯彻党的二十大"统筹职业教育、高等教育、继续教育协同创新，推进职普融通、产教融合、科教融汇，优化职业教育类型定位"精神，体现职业教育立足育人目标与学生实际，注重选择与实际职业生活密切相关的学习内容，注重职业道德、职业精神与劳动精神教育，落实《国家职业教育改革实施方案》《北京市人民政府关于加快发展现代职业教育的实施意见》《北京职业教育改革发展行动计划（2018—2020年）》等文件要求，加强北京市特色高水平职业院校、骨干专业、实训基地建设，在北京市教育委员会的领导下，北京金隅科技学校申报了"建筑智能化设备安装与运维专业群""特高"建设项目，并在北京教育科学研究院的统筹安排及指导下，组织教师编写了本教材。教材选取实用性楼宇电子产品制作作为教学载体设置八个教学项目，项目遵循由浅入深、循序渐进的设置原则，兼顾实用性及趣味性，符合职业人才成长基本规律和学生认知规律。对接建筑智能化设备安装与运维管理岗位职能及"设计—装配—测试"的电子产品生产工艺流程，通过"教、学、训、做、评"一体的教学思路开展教学，突出"学中做、做中学、学有所用"的职业教育特色。加入与工作岗位对接的绘图、仿真、电路板设计及电路板制作训练，提升学生职业技能。

　　本教材由北京金隅科技学校吴丽娟担任主编，叶春燕、赵静担任副主编。项目一至项目五由吴丽娟编写，项目六、七由叶春燕编写，项目八由吴丽娟、赵静编写，全书由吴丽娟统稿。为方便学习，在每个项目中还配备了与内容同步的信息化教学资源，精心制作了23个"知识点讲解+实操演示"的微课视频，由吴丽娟主讲，其中项目一至项目五、项目八主要由吴丽娟、赵静制作，项目六、七主要由叶春燕制作。吴荣芳、文小平、吴会斌、焦健参与教材图表绘制及视频剪辑工作。

　　本教材在编写前进行了广泛调研，吸取了多名企业、行业专家及职业院校教师与学生的建议，并得到各级领导的大力支持与帮助，在此表示衷心的感谢。

　　由于编者水平有限，书中难免存在不足之处，敬请广大读者批评指正。

编者
2024.2

目录

项目一
烟雾报警器的制作
001 ~ 022

| 任务一 | 元件的插装与焊接 | 002 |
| 任务二 | 烟雾报警器的组装与调试 | 013 |

项目二
直流稳压电源的制作
023 ~ 044

任务一	识读直流稳压电源原理图	024
任务二	直流稳压电源的焊接与组装	031
任务三	直流稳压电源功能调试	039

项目三
有线电视信号放大器的制作
045 ~ 063

任务一	识读有线电视信号放大器原理图	046
任务二	有线电视信号放大器的焊接与组装	053
任务三	有线电视信号放大器功能调试	058

项目四
调光台灯的制作
064 ~ 082

任务一	识读调光台灯电路原理图	065
任务二	调光台灯 PCB 板的设计与制作	072
任务三	调光台灯的组装与调试	078

目录

项目五
楼道触摸延时开关的制作
083 ~ 101

任务一	识读校验楼道触摸延时开关	084
任务二	楼道触摸延时开关 PCB 板的设计与制作	091
任务三	楼道触摸延时开关的组装与调试	097

项目六
红外计数器的制作
102 ~ 129

任务一	红外计数器实时人数监测系统的设计	103
任务二	数码管与计数器的认识	114
任务三	红外计数器的组装与调试	124

项目七
MOSFET 电路供电开关电源的制作
130 ~ 157

| 任务一 | 识读校验电路原理图 | 131 |
| 任务二 | 开关电源的组装与调试 | 142 |

项目八
空调控制器的制作
158 ~ 181

任务一	空调控制器原理图识读及 PCB 板设计	159
任务二	空调控制器的焊接与装配	166
任务三	空调控制器功能调试及检测	174

参考文献

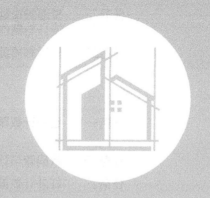

项目一
烟雾报警器的制作

项目描述

烟雾报警器在家庭及各类公共场所的火灾报警系统中的应用极其广泛，当发生火灾时，烟雾报警器会进行报警。本项目通过一个简单烟雾报警器的制作引导学生学习元器件焊接的基本操作方法，掌握焊接工艺，并能通过外形及型号识别基本电子元器件的名称，对电子电路形成初步认识。

项目目标

1. 了解焊料与焊剂的作用并能正确选用。
2. 能正确进行元器件引线成型与插装。
3. 了解电烙铁的基本握法，能正确使用电烙铁进行元件的焊接与拆焊。
4. 掌握焊点质量检测的方法。
5. 能正确识别烟雾报警器中各电子元器件的名称，理解烟雾报警器的工作原理。
6. 能够正确组装烟雾报警器并完成功能调试。

任务 一　元件的插装与焊接

任务目标

知识目标	1. 了解焊料与焊剂的作用并能正确选用，理解焊接保温时间的重要性。 2. 掌握元件引线成型及插装的方法。 3. 了解电烙铁的基本握法，掌握元件焊接及拆焊的方法。 4. 掌握焊点质量检测方法。
能力目标	1. 能够规范完成元件的引线成型与插装。 2. 能够正确选用并使用电烙铁完成元件焊接及拆焊。 3. 能够准确判别焊接质量。
素养目标	1. 通过元件引线成型练习，逐步培养学生认真细心的工作习惯。 2. 通过电烙铁的正确使用，逐步树立学生安全生产的劳动意识。
思政要素	通过学习了解我国焊接技术的发展历史，以及焊接技术在我国国防领域的广泛应用，树立自主学习、发奋图强、为祖国伟大复兴而奋斗的决心。

学生任务单

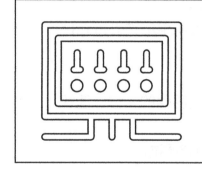

任务名称	元件的插装与焊接
学习小组	
小组成员	
任务评价	

续表

自学简述	通过课前自学，从以下几部分进行简述： 1. 元件的卧式与立式安装该如何做引线成型？插装时有何注意事项？ 2. 元件焊接可分为几步完成？电烙铁在使用时的安全注意事项有哪些？		
任务分析	制定任务实施步骤	根据任务目标，浏览资源、查阅资料，在教师引导下分析元件引线成型、插装及焊接的工作流程及注意事项，制定任务实施步骤。	
	小组成员任务分工	任务分工	完成人
任务实施	按完成步骤记录	第　步	
		第　步	
		第　步	
		第　步	
		第　步	
		第　步	
		第　步	
	重点记录（知识、技能、规范、方法及工具等）		

续表

任务实施	难点记录	
课后反思	出现问题及解决方案	
	课后学习	

任务评价	小组自评（30分）	课前学习	时间观念	实施方法	知识技能	成果质量	分值
	小组互评（30分）	任务承担	时间观念	团队合作	知识技能	成果质量	分值
	教师评价（40分）	任务承担	时间观念	团队合作	知识技能	成果质量	分值

知识与技能

一、电烙铁的正确选用和使用

1. 电烙铁的选用

电烙铁的功率要和被焊工件匹配。使用电烙铁要选择其功率大小，功率大小要视被焊接工件的大小来决定。一般体积大的工件所需的热量也大，应选用较大功率的电烙铁；体积小的工件所需的热量也少，可选用较小功率的电烙铁。大功率电烙铁使用不当，容易损坏元器件和电路板。当然，电烙铁功率过小，焊锡不易熔化，长时间加热有时也容易烫坏工件，因此，电烙铁的功率最好和焊接的工件相匹配。

2. 新烙铁的处理

先用锉刀把烙铁头按需要锉成一定的形状，然后接通电源，当烙铁头的温度升至能熔锡时，将松香涂在烙铁头上，接着再涂上焊锡，当烙铁头的工作面挂上一层锡后就可以使用了。电烙铁用过一段时间后，由于烙铁头及周围出现氧化层，会产生不易挂锡（"吃锡"）的现象，处理方法同上。

3. 电烙铁的握法

电烙铁的握法有三种，即握笔法、正握法和反握法，如图1-1所示。实际操作中，选哪种方法应视具体情况而定，主要目的是使焊接牢固、不烫坏元器件及导线、安全可靠。在小型电子线路的焊接和维修中，所用的是小功率电烙铁，且需要操作灵活，故一般采用握笔法。

  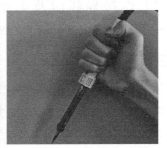

(a) 握笔法　　　　　　(b) 正握法　　　　　　(c) 反握法

图1-1　电烙铁的握法

4. 电烙铁的放置

普通电烙铁应放置在带散热器的支架上，不能乱放，以免引起火灾。注意电源线不要搭在烙铁头上，防止烫坏绝缘层而引发事故。使用结束，拔下电源冷却后，妥善保存。

5. 电烙铁的电源接线

电烙铁的电源接线应采用单相三线制，并且要装有漏电自动开关，或接在工作台的隔离电源上。使用前检查电源插头、电源线有无损坏等，防止短路和漏电事故的发生。

二、认识焊料与焊剂

1. 焊料的作用

焊料的作用是将被焊物连接在一起。焊料由易熔的金属及其合金构成，其熔点低于被焊接的金属材料。锡铅焊料也称焊锡，常用的是焊锡丝，如图1-2所示，有的焊锡丝内部还夹有固体焊剂松香。焊锡丝的直径有0.5mm、0.8mm、0.9mm、1.0mm、1.2mm、1.5mm、2.0mm、2.3mm、2.5mm、3.0mm、4.0mm、5.0mm等多种规格。其特点是：具有良好的导电性、抗腐蚀性能好、熔点低、机械强度较高、附着力强。所以在电子产品的装配中，一般都选用锡铅焊料。

图1-2　焊锡丝

（1）手工焊接一般的元器件时，应选用锡60%、铅40%、熔点为182℃，或者锡63%、铅37%、熔点为183℃的焊锡丝。此类焊料的熔化、凝固时间极短，能缩短焊接时间，同时还有熔点低、焊接强度高的特点。

（2）焊接耐热性较差、对温度较敏感的元器件时，应选用锡50%、铅32%、镉18%、熔点为145℃，或者锡35%、铅42%、铋23%、熔点为150℃的低温焊料。

（3）焊接导线以及电路中较大的元器件时，可选用58-2锡铅焊料：锡39%～41%、铅57%～59.5%、锑1.5%～2%、熔点为235℃。

2. 焊剂的作用

焊剂又称为助焊剂，其作用是：加速热量的传递，同时可以润湿焊点；帮助焊料流动，并减少表面张力；防止焊接面的氧化；清除金属表面的氧化膜及各种污物，保持被焊物表面清洁。常用焊剂有焊锡膏和松香，如图1-3所示。

焊锡膏有较强的助焊作用，但是也有强烈的腐蚀性，所以多数用在可清洗的金属制品焊接中。

三、元器件的引线成型

为了保证焊接质量，并使元器件排列整齐、美观，元器件经测试合格后需

(a) 焊锡膏　　　　　　　　　(b) 松香

图 1-3　助焊剂

进行引线成型。手工焊接中，一般用尖嘴钳或镊子进行引线成型。按照板面装配方式不同，可分为卧装成型及立装成型。

1. 卧装成型

如图 1-4 所示，处理引线时要注意不可打直角弯，其成型尺寸要符合：$A>1.5mm$，$R \geqslant 2d$（d 为元件引线直径）。

2. 立装成型

成型尺寸如图 1-5 所示，$A>1.5mm$，R 要不小于元件直径。

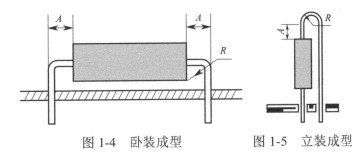

图 1-4　卧装成型　　　　图 1-5　立装成型

3. 打弯成型

此种成型方法适合于焊接时受热易损的元器件，如图 1-6 所示。

4. 集成电路引线成型

成型尺寸如图 1-7 所示，$A \geqslant 5mm$。

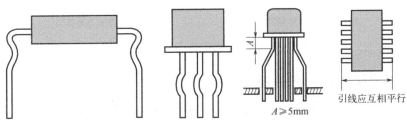

图 1-6　打弯成型　　　　图 1-7　集成电路引线成型

四、元器件的插装

1. 清理引线

将元件引线上的氧化物和杂质去除并涂助焊剂，也可对引线进行搪锡处理。

2. 插装元器件

有标记的元器件，元器件插装时要注意元器件的数据标记应处于容易看到的位置，元器件装接后应整齐、美观。

插装方法一般有卧式、立式两种，卧式插装又可分为贴板安装和抬高安装，贴板安装时其高度 $h \leqslant 0.5mm$，抬高安装时高度 $h \geqslant 1.5mm$，立式插装时元件距板高度 $h \geqslant 2mm$，如图1-8所示。其他元器件，如多引线元器件及直插式集成电路插装如图1-9所示。

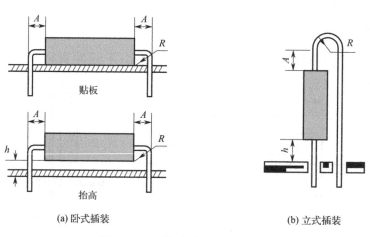

图1-8 元件卧式及立式插装

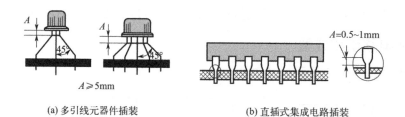

图1-9 多引线元器件与集成电路插装

3. 元器件插装后的引线处理

引线穿过焊盘后的处理方式如图1-10所示。对于小功率元器件建议采用直插式，可保证焊点圆润。

图 1-10　引线穿过焊盘后的处理方式

五、元器件的焊接

在手工焊接中，其焊接步骤大致可分解为五步工序，如图1-11所示。

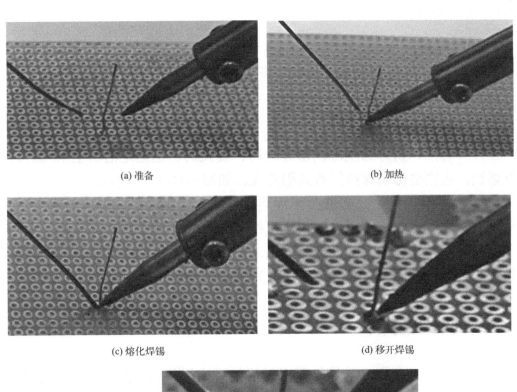

图 1-11　手工焊接工序

1. 准备

将焊接所需的材料和工具准备好,如焊锡丝、松香助焊剂、电烙铁及支架等。在焊接前,要对烙铁头进行检查,使其正常吃锡,并进行预上锡,准备进行焊接,如图1-11(a)所示。

2. 加热

将预上锡的电烙铁放在被焊件上,使被焊件的温度上升。烙铁头放在焊点上时应注意加大与被焊件的接触面,便于被焊件与铜箔的均衡受热,保护铜箔不被烫坏,如图1-11(b)所示。

3. 熔化焊锡

当被焊件加热到一定温度时,将焊锡丝送到被焊件上,焊锡丝被熔化,如图1-11(c)所示。

4. 移开焊锡

当焊锡已将焊点浸湿后,要及时移开焊锡丝,避免焊点出现堆锡现象,如图1-11(d)所示。

5. 移开电烙铁

移开焊锡后,待焊锡全部润湿焊点时,要及时、迅速地沿右上45°的方向移开电烙铁,否则会影响焊点的质量和外观,如图1-11(e)所示。

在上述焊接过程中,烙铁头与焊点的接触时间以使焊点光亮、圆滑为宜。对于一般焊点,从电烙铁预热被焊件到移开的总焊接时间应不大于3s。

对于焊接技术较熟练的人或热容量小的焊件,也可将上述五步工序中的二、三和四、五步工序简化为两个步骤,变为三步工序法。

六、元器件的拆焊

拆焊也可称为解焊,就是将原来焊好的焊点进行拆除的过程。在更换元器件时要进行拆焊,在调试、维修中也要进行拆焊,由于焊接错误也需要对焊点进行拆焊。一般情况下,拆焊要比焊接更难,如果拆焊方法不当,往往会造成元器件的损坏,如印制导线的断裂和焊盘的脱落,尤其是更换集成电路时,拆焊就更有一定的难度和拆焊技巧。

1. 用普通电烙铁拆焊

对于电阻、电容、二极管等只有两个焊点的元器件,可用普通电烙铁加热其中一个焊点,加热的同时用镊子将其引脚拉出来,然后再用相同的方法拆焊另一焊点,即可拆下被焊元器件,如图1-12所示。

2. 用吸锡电烙铁拆焊

吸锡电烙铁也是一种专用拆焊烙铁,它能在对焊点加热的同时,把锡吸入内腔,从而完成拆焊。吸锡电烙铁如图1-13所示。

图1-12 普通电烙铁拆焊

图1-13 吸锡电烙铁

七、检验焊点质量

焊接质量的好坏会直接影响产品的质量,良好的焊点应具有良好的导电性及足够的机械强度,其表面应光滑、清洁、整齐,如图1-14所示。因此在焊接结束后,一定要进行焊接质量检查,其基本检查方法是:

1. 眼看

眼看就是通过目视从外观上检查焊接质量是否合格,也就是从外观上评价焊点有什么缺陷。检查的主要内容有:

(1) 焊盘与印制导线是否有桥接现象。

(2) 焊点是否凹凸不平。

(3) 焊点是否有裂纹。

(4) 焊点是否有拉尖的现象。

(5) 焊点周围是否残留焊剂。

(6) 焊盘是否脱落。

(7) 焊点的焊料是否足够。

(8) 焊点的光泽是否良好。

(9) 是否有漏焊。

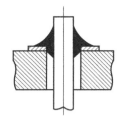

图1-14 焊点

2. 手触

手触是指用手触摸被焊元器件,来观察元器件是否有松动和焊接不牢的现象。也可以用镊子夹住元器件引脚,轻轻拉动或晃动,观察元器件是否有松动现象、焊点上面的焊锡是否有脱落现象等。

　　提高焊接质量要从两个方面着手：第一是要熟练地掌握焊接技能，准确地掌握焊接温度和焊接时间，使用适量的焊料和焊剂，认真完成焊接过程中的每一步操作；第二是要保证被焊物表面的可焊性，必要时要采取涂敷浸锡措施。

? 问题思考

　　1. 在使用电烙铁时通常有几种握法，分别是什么？焊接体积小、功率小的元件时采用何种握法更为方便合适？

　　2. 元器件插装方式有哪几种？如何做好引线处理？

　　3. 元器件的插装原则是什么？

　　4. 焊接时应遵循哪五步？用语言描述或用图片示意。

任务二　烟雾报警器的组装与调试

任务目标

知识目标

1. 熟悉烟雾报警器中电阻、电容、发光二极管、三极管等各种常用元器件的外形及型号。
2. 掌握烟雾报警器电路组成，理解其工作原理。
3. 掌握烟雾报警器组装与调试的方法及步骤。

能力目标

1. 能够通过外形及型号简单识别电阻、电容、发光二极管、三极管等基本元器件。
2. 能够正确绘制烟雾报警器电路原理图并叙述烟雾报警器的工作原理。
3. 能够正确利用电烙铁完成烟雾报警器的组装。
4. 能够正确进行烟雾报警器功能调试。

素养目标

1. 通过绘制烟雾报警器原理图，逐步培养学生规范绘制电路图的能力。
2. 通过叙述烟雾报警器的工作原理，逐步培养学生的口头表述能力。
3. 通过小组共同进行产品制作，逐步培养学生分工协作的意识。

思政要素

1. 通过烟雾报警器在消防系统中应用的重要性，形成防火意识，做到珍爱生命、敬重生命。
2. 通过烟雾报警器的装配，使学生逐渐养成良好的操作规范意识，掌握6S（整理、整顿、清扫、清洁、素养和安全）管理的理念，立志成为大国工匠。

学生任务单

	任务名称	烟雾报警器的组装与调试
	学习小组	
	小组成员	
	任务评价	

自学简述	通过浏览资源、查阅资料，从以下几部分进行简述： 烟雾报警器的作用有哪些？你了解的最简单的烟雾报警器是怎样组成的？其报警原理是什么？	
任务分析	制定任务实施步骤	根据任务目标、课前及课上提供的教学资源，在教师指导下制定任务实施步骤。 　　1. 认识元器件名称，并根据已有焊接经验分析烟雾报警器的元件焊接步骤及注意事项。 　　2. 对照电路图，在教师引导下分析报警原理，并探讨烟雾报警器的功能调试方法及步骤。
	小组成员任务分工	任务分工 / 完成人
任务实施	按完成步骤记录	第　　步 第　　步

续表

任务实施	按完成步骤记录	第　步	
		第　步	
		第　步	
		第　步	
		第　步	
	重点记录（知识、技能、规范、方法及工具等）		
	难点记录		
课后反思	出现问题及解决方案		
	课后学习		

任务评价	自我评价（30分）	课前学习	时间观念	实施方法	知识技能	成果质量	分值
	小组评价（30分）	任务承担	时间观念	团队合作	知识技能	成果质量	分值
	教师评价（40分）	任务承担	时间观念	团队合作	知识技能	成果质量	分值

知识与技能

一、认识烟雾报警器的元器件

组成烟雾报警器的元器件有烟雾传感器、LM393集成芯片、有源蜂鸣器、可调电位器、三极管、拨动开关、电阻、电容及发光二极管,电路如图1-15所示。

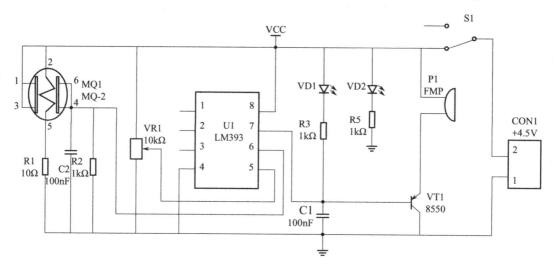

图1-15 烟雾报警器电路

元器件明细如表1-1所示,下面简单认识一下每个元器件。

表1-1 烟雾报警器元器件明细表

序号	名称	型号规格	数量	标号
1	PCB板	PCB42mm×50mm×1.6mm(FR-4单面板)	1	PCB
2	集成芯片	LM393比较器,DIP-8	1	U1
3	烟雾传感器	MQ-2,6脚	1	MQ1
4	有源蜂鸣器	直插,2脚,9mm×11mm	1	P1
5	可调电位器	10kΩ	1	VR1
6	三极管	8550,TO-92	1	VT1
7	波动开关	直插,3脚,2P-2T	1	S1
8	发光二极管	5mm,红发红,直插,高亮	1	VD2
		5mm,黄发黄,直插,高亮		VD1
9	电阻	1kΩ±5%,DIP	3	R2、R3、R5
		10Ω±5%,DIP	1	R1
10	瓷片电容	100nF/50V±20%	2	C1、C2

1. 电阻

即电阻器，它是可以对电流形成阻碍作用的元器件，常用的有碳膜色环电阻。色环电阻又可分为四环电阻、五环电阻，如图1-16所示。

(a) 四环电阻　　　　(b) 五环电阻

图 1-16　碳膜色环电阻

除碳膜电阻外，按材料区分，还有线绕电阻、涂漆电阻、水泥电阻等，如图1-17所示。

(a) 线绕电阻　　　(b) 涂漆电阻　　　(c) 水泥电阻

图 1-17　其他材质电阻

2. 可调电位器

通常由电阻体及转动或滑动系统组成，是电阻值可随调节旋钮的调节而发生变化的元器件。常见的可调电位器如图1-18所示。

图 1-18　可调电位器

电阻器、电位器的型号命名一般由四部分组成，如表1-2所示。

表1-2　电位器及电阻器型号命名与意义

第1部分（主称）		第2部分（材料）		第3部分（分类特征）		第4部分（序号）
符号	意义	符号	意义	符号	意义	
W R	电位器 电阻器	T P U	碳膜 硼碳膜 硅碳膜	G T X	高功率 可调 小型	

项目一　烟雾报警器的制作

续表

第1部分（主称）		第2部分（材料）		第3部分（分类特征）		第4部分（序号）
符号	意义	符号	意义	符号	意义	
W R	电位器 电阻器	H I J Y S N X R G M	合成膜 玻璃釉膜 金属膜 氧化膜 有机实心 无机实心 线绕 热敏 光敏 压敏	L W D 1 2 3 4 5 7 8 9	测量用 微调 多圈 普通 普通 超高频 高阻 高温 精密 电阻-高压，电位器-特殊 特殊	

例如，RT11表示普通碳膜电阻器，WXT1表示线绕可调电位器。

3. 电容

即电容器，基本结构一般由两个相互靠近的导体，中间夹一层不导电的绝缘介质构成，是一种可以用来储存电荷的元件。电容按结构可分为固定电容、可变电容、微调电容等；按材料可分为涤纶电容、瓷片电容、云母电容、独石电容、钽电容等；按极性可分为有极性电容和无极性电容，最常见的有极性电容就是电解电容，如图1-19所示。一般普通电容无极性，如图1-20所示为无极性电容。还有一种是贴片电容，体积小，如图1-21所示。

图1-19　电解电容

图1-20　无极性电容

图1-21　贴片电容

国产电容器的型号一般由四部分组成，依次分别代表名称、材料、分类和序号。

第一部分：用字母表示名称，电容器用C表示。

第二部分：用字母表示材料，例如，A—钽电解，B—聚苯乙烯等非极性薄膜，C—高频陶瓷，D—铝电解，E—其他材料电解，G—合金电解，H—复合介质，

I—玻璃釉，J—金属化纸，L—涤纶等极性有机薄膜，N—铌电解，O—玻璃膜，Q—漆膜，T—低频陶瓷，V—云母纸，Y—云母，Z—纸介。

第三部分：一般用数字表示分类，个别用字母表示。例如，T—电铁，W—微调，J—金属化，X—小型，S—独石，D—低压，M—密封。数字表示意义如表1-3所示。

表1-3 数字表示意义

数字	电解	瓷介	有机	云母
1	箔式	圆形	非密封	非密封
2	箔式	管形	非密封	非密封
3	烧结粉液体	叠片	密封	密封
4	烧结粉液体	独石	密封	密封
5	—	穿心	穿心	—
6	—	支柱形	—	—
7	无极性	—	—	—
8	—	高压	高压	高压
9	特殊	—	特殊	—

第四部分：序号，用数字或字母表示，包括品种、尺寸代号、温度特性、直流工作电压、标称值、允许误差、标准代号。

4. 发光二极管

简称LED，是一种常用的发光器件，可以将电能转换为光能，在照明领域应用广泛。常见发光二极管如图1-22所示。

图1-22 发光二极管

5. 三极管

全称为半导体三极管，又叫双极型晶体管、晶体三极管，它可以把微弱信号放大成幅度值较大的信号，也可作无触点开关。常见三极管如图1-23所示。

图1-23 常见三极管

三极管的型号一般由三部分组成。第一部分："3"表示三极管；第二部分：表示器件的材料和结构；第三部分：表示功能。另外，3DJ型为场效应管，BT打头的表示半导体特殊元件。三极管的型号命名及意义如表1-4所示。

表1-4 三极管的型号命名及意义

第一部分	第二部分		第三部分			
	字母	意义	字母	意义	字母	意义
3—三极管	A	N型锗材料	P	普通管	X	低频小功率管
	B	P型锗材料	V	微波管	G	高频小功率管
	C	N型硅材料	W	稳压管	T	半导体晶流管
	D	P型硅材料	C	参量管	Y	体效应器件
	A	PNP型锗材料	D	低频大功率管	B	雪崩管
	B	NPN型锗材料	A	高频大功率管	J	阶跃恢复管
	C	PNP型硅材料	Z	整流管	CS	场效应器件
	D	NPN型硅材料	L	整流堆	BT	半导体特殊器件
	E	化合物材料	S	隧道管	PIN	PIN型管
			N	阻尼管	FH	复合管
			K	开关管	JG	激光器件

6. 蜂鸣器

蜂鸣器是一种电子讯响器，可用于报警使用。常见蜂鸣器如图1-24所示。

7. 拨动开关

可通过拨动开关手柄实现电路的接通或断开。常见拨动开关如图1-25所示。

图1-24 蜂鸣器

图1-25 拨动开关

8. MQ-2烟雾传感器

MQ-2烟雾传感器是一种常用的气体传感器，可以通过检测空气中的烟雾浓度来判断是否存在火灾。其使用的气敏材料是二氧化锡或硫化锌，该材料在清洁空气中的电导率较低，当传感器所处环境中存在可燃气体时，传感器的电导率会随着空气中可燃气体浓度的增加而增大。MQ-2烟雾传感器对液化气、丙烷、氢气、天然气和其他可燃蒸气的检测灵敏度高，因此此种传感器可用于检测多种可燃性气体。MQ-2烟雾传感器如图1-26所示。

图 1-26　MQ-2 烟雾传感器

9. LM393集成芯片

LM393是一个双电压比较器集成电路，内部有两个相同的电压比较器。它采用双列直插8脚封装，每个电压比较器有三个脚：同相输入端V_{in+}、反相输入端V_{in-}和输出端V_o。其实物及引脚示意如图1-27所示。

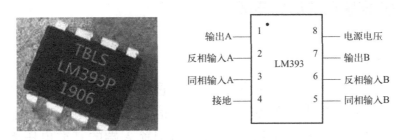

图 1-27　LM393 实物及引脚示意图

二、烟雾报警器元件的插装与焊接

1. 按图1-28所示元件装配图在印制电路板上正确插装元件并进行焊接

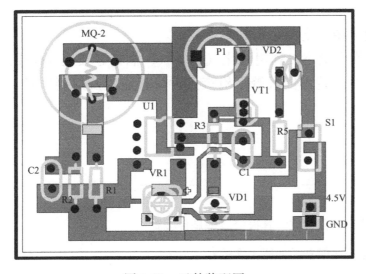

图 1-28　元件装配图

2. 焊接注意事项

（1）在焊接前要先利用镊子去掉元件引脚上的氧化层并将其捋直，然后结合引脚孔距做好元件的引线成型。

（2）将元件按正确位置插装到印制电路板上后开始焊接。其焊接基本顺序是：先低后高（先焊卧式元件，后焊立式元件），先耐热后不耐热（先焊耐热元件，后焊不耐热元件）。

（3）对于如三极管、发光二极管等有极性元件，插装时要注意其电极不要接错位置。

（4）焊接元件时要注意元件引脚之间不能出现连焊，元件引脚不能有虚焊及漏焊。

三、烟雾报警器的功能调试

1. 报警原理

当室内环境中存在可燃气体时，气体传感器的电导率会随空气中可燃气体浓度的增加而增大，其电阻值变化变成电压信号传递给电压比较器的反相输入端，这个变化的电压信号与电压比较器的同相输入端的基准电压相比较。当室内无可燃气体或浓度较低时，其反相输入端电压大于同相输入端的基准电压，电压比较器的输出端会输出低电平电压，此时不报警；当室内出现可燃气体并达到一定浓度时，反相输入端电压小于同相输入端电压，电压比较器的输出端则输出高电平电压，通过三极管放大后使得蜂鸣器发出报警信号。

2. 功能调试

（1）接入4.5V直流电源，电源指示灯会点亮。

（2）将电位器调至临界状态，利用液化气、氢气、酒精等接近气体传感器，观察蜂鸣器是否报警鸣叫。若不能报警，检查元件焊接位置及焊接质量，并调试电位器大小直至报警。

? 问题思考

1. 烟雾报警器电路由哪几部分构成？其报警原理是什么？
2. 在烟雾报警器中，电压比较器是如何工作的？

项目二
直流稳压电源的制作

项目描述

直流稳压电源的作用是为电子设备提供所需的稳定直流电压，如收音机、充电器、电镀、电解等处都有应用，而且在楼宇自控系统、保安监控系统、消防系统中的应用也极其广泛，如弱电机房、监控头、PLC DDC控制器等，都会使用到直流稳压电源。本项目通过直流稳压电源的制作引导学生认识二极管、电阻、电容等元件，并掌握直流稳压电源的组成及工作原理，学习示波器的使用。

项目目标

1. 了解二极管的结构及符号，掌握其基本作用。
2. 能用万用表检测二极管的质量并判别极性。
3. 掌握直流稳压电源的原理框图及工作原理。
4. 能使用电烙铁等工具完成直流稳压电源的装配任务，达到焊接工艺标准。
5. 能使用示波器测试直流稳压电源各部分波形，正确进行功能调试，达到技术要求。

任务一　识读直流稳压电源原理图

任务目标

知识目标	1. 了解二极管的结构,掌握其基本作用,会用符号表示。 2. 掌握二极管质量与极性的检测方法。 3. 掌握直流稳压电源的原理框图及工作原理。
能力目标	1. 能够正确绘制二极管符号并叙述其作用。 2. 能用万用表正确判别二极管的质量与极性。 3. 能正确绘制直流稳压电源的原理框图,并叙述各部分电路的作用。
素养目标	1. 通过二极管的检测,逐步养成安全规范使用仪表的操作意识。 2. 通过口述直流稳压电源的工作原理,逐步提高学生的语言表达能力。
思政要素	通过了解我国半导体技术发展史及发展前景,树立为实现中国梦、实现自我价值而不断拼搏、终身学习的理想与信念。

学生任务单

任务名称	识读直流稳压电源原理图
学习小组	
小组成员	
任务评价	

续表

自学简述	通过浏览资源、查阅资料，从以下几部分进行简述： 1. 二极管元件是由什么材料制成的？其结构及特性是什么？主要应用在哪些电子产品中？你身边哪些电子产品中有用到二极管？ 2. 你所知道的经常使用的直流稳压电源产品有哪些？它可以实现什么功能？			
任务分析	制定任务实施步骤	根据任务目标、课前及课上提供的教学资源，在教师指导下制定任务实施步骤。 1. 认识二极管：探讨导体、绝缘体及半导体材料的区别，归纳二极管的结构、工作特性及符号。 2. 二极管检测：探讨二极管检测的方法与步骤。 3. 对照直流稳压电源原理框图，分析探讨直流稳压电源各部分电路的作用及工作原理。		
	小组成员任务分工	任务分工		完成人
任务实施	按完成步骤记录	第　步		
		第　步		
		第　步		
		第　步		
		第　步		

续表

任务实施	按完成步骤记录	第　步	
		第　步	
	重点记录（知识、技能、规范、方法及工具等）		
	难点记录		
课后反思	出现问题及解决方案		
	课后学习		

任务评价	自我评价（30分）	课前学习	时间观念	实施方法	知识技能	成果质量	分值
	小组评价（30分）	任务承担	时间观念	团队合作	知识技能	成果质量	分值
	教师评价（40分）	任务承担	时间观念	团队合作	知识技能	成果质量	分值

知识与技能

一、认识二极管

二极管是基本的电子元器件之一,它是用半导体材料(如硅、锗)制成的,其本质是一个PN结,即给一个PN结封装管壳,并在P区与N区各引出一条引线即可构成一个二极管。常见的二极管如图2-1所示,其内部结构图如图2-2所示。二极管的两个电极分别是正极(又叫阳极)、负极(又叫阴极)。

图 2-1　常见二极管

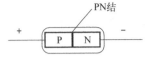
图 2-2　二极管内部结构图

1. 二极管的符号

如图2-3所示。

图 2-3　二极管的符号

2. 二极管的工作特性

二极管具有单向导电性。当给二极管加正向电压(即二极管阳极接电源正极,阴极接电源负极)时,二极管会导通(相当于开关闭合),电路中灯会点亮,如图2-4(a)所示;当给二极管加反向电压(即二极管阳极接电源负极,阴极接电源正极)时,二极管截止(相当于开关断开),电路中无电流流过,灯是熄灭状态,如图2-4(b)所示。

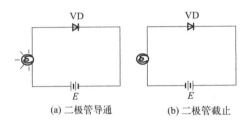

图 2-4　二极管的单向导电性

3. 二极管的检测

（1）判别二极管的质量：将万用表选择"R×100"挡或"R×1k"挡后调零，将两表笔分别接到二极管的两个电极，测出一个结果后，对调两表笔，再测出一个结果。两次测量的结果中，有一次测量出的阻值较大（为反向电阻），一次测量出的阻值较小（为正向电阻），则二极管质量完好。若两次结果均为0，则二极管为短路损坏；若两次结果均为∞，则二极管为断路损坏。

（2）在测量阻值较小的一次中，黑表笔所接的为二极管的正极。

4. 二极管的型号

一般由四部分组成。其中：第一部分是数字，2表示二极管；第二部分是字母，表示材料，A为N型锗材料，B为P型锗材料，C为N型硅材料，D为P型硅材料；第三部分是字母，表示意义，P为普通管，V为微波管，W为稳压管，C为参量管，D为低频大功率管，A为高频大功率管，Z为整流管，K为开关管等；第四部分是数字，表示产品序号。

例如：

2AP9：2表示二极管；A表示N型锗材料；P表示普通管。

2CK8：2表示二极管；C表示N型硅材料；K表示开关管。

二、直流稳压电源组成及基本原理

直流稳压电源一般由四部分组成，电路原理框图如图2-5所示。变压部分采用单相变压器，一般是将高压交流电变为低压交流电。整流部分实现交流与脉动直流的转换，常用的整流方法有半波整流、全波整流和桥式整流。滤波部分实现从脉动直流到较为平滑直流的转换，常用的滤波方法有电容滤波、电感滤波、π形滤波等。稳压部分非常关键，一般采用三端集成稳压电路或性能良好且稳压值可调节的串联型稳压电路。

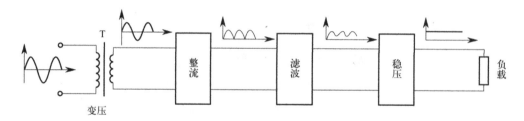

图2-5 电路原理框图

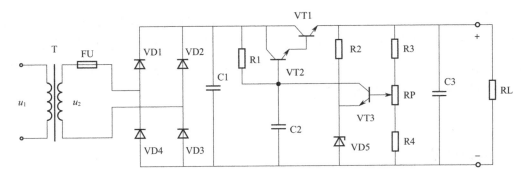

图 2-6 串联型稳压电源电路原理图

如图 2-6 所示为串联型稳压电源的电路原理图,由变压、整流、滤波和稳压四部分组成。

1. 电源变压器 T

将一次测的交流电压 u_1 变为二次侧的交流电压 u_2。

2. 整流电路

由二极管 VD1～VD4 组成桥式整流电路,可将交流电变为脉动直流电。在电源电压 u_2 正半周时,VD1、VD3 会导通,VD2、VD4 会截止;在电源电压 u_2 负半周时,VD2、VD4 会导通,VD1、VD3 会截止。两组二极管轮流导通,从而实现交流电到脉动直流电的转换。

3. 滤波电路

由电容器 C1 完成,可将脉动直流电压变为较为平滑的直流电压。

4. 稳压电路

采用串联型稳压电路,由复合调整管 VT1、VT2,比较放大管 VT3,基准电压电路 R2、VD5 和取样电阻 R3、RP、R4 完成。R1 为 VT3 的集电极负载,C3 为稳压电路输出滤波电容。复合调整管的管压降是可变的:当输出电压有减小趋势时,管压降会自动变小,维持输出电压不变;当输出电压有增大的趋势时,管压降会自动变大,维持输出电压不变。可见,复合调整管相当于一个可变电阻,由于它的调整作用,输出电压基本上保持不变。复合调整管的调整作用是受比较放大管控制的,输出电压经过取样电路的微调电位器 RP 分压,输出电压的一部分加到 VT3 的基极与地之间。由于 VT3 的发射极对地电压是通过稳压管 VD5 稳定的,可以认为 VT3 的发射极电压是不变的,这个电压叫作基准电压。这样 VT3 基极电压的变化就反映了输出电压的变化。如果输出电压有减少趋势,VT3 基极与发射极之间的电压也要减小,这就使 VT3 的集电极电流减小,集电极电压升高。由于VT3的集电极和VT2的基极直接耦合,VT3集电极电压升高,也就是VT2的基极电压升高,这使复合调整管进一步导通,管压降减小,维持输出电压不变。同样,如果输出电压有增大趋势,通过VT3的比较放大作用又使复合调整管的管压降增大,维持输出电压不变。

? 问题思考

1. 如何正确检测二极管的质量并判别极性?
2. 直流稳压电源由几部分电路构成?各部分电路的作用是什么?

任务二　直流稳压电源的焊接与组装

任务目标

知识目标	1. 掌握识读电阻阻值的方法。 2. 掌握识读电容容量的方法。 3. 掌握电阻、电容的检测方法。 4. 掌握直流稳压电源焊接与装配的步骤及方法。
能力目标	1. 能够正确识读电阻阻值及电容容量。 2. 能够正确利用万用表测量电阻阻值。 3. 能够正确利用万用表检测电容质量。 4. 能够利用焊接工具完成直流稳压电源的焊接及装配。
素养目标	1. 通过小组合作，逐步培养学生分工协作的意识。 2. 通过直流稳压电源的焊接及装配，逐步培养学生的安全操作意识。
思政要素	通过直流稳压电源的装配，使学生养成良好的操作规范意识，掌握6S管理的理念，立志成为大国工匠。

学生任务单

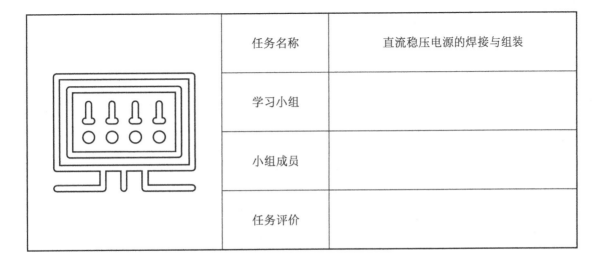

	任务名称	直流稳压电源的焊接与组装
	学习小组	
	小组成员	
	任务评价	

续表

自学简述		通过浏览资源、查阅资料，从以下几部分进行简述： 1. 如何通过电阻元件表面的标识读出电阻的阻值？ 2. 如何通过电容元件表面的标识读出电容的容量？ 3. 如何检测电阻阻值及电容质量？ 4. 各类电子元件在焊接时，应遵循何种焊接顺序？需注意哪些事项，才能保证焊接质量？
任务分析	制定任务 实施步骤	根据任务目标、课前及课上提供的教学资源，在教师指导下制定任务实施步骤。 1. 电阻及电容识读：结合实操练习总结归纳电阻及电容的识读方法。 2. 电阻及电容检测：结合实操练习总结归纳电阻及电容的检测方法。 3. 分析探讨元件焊接顺序、焊接工艺标准，制定焊接及装配直流稳压电源的步骤。
	小组成员 任务分工	任务分工 / 完成人

续表

任务实施	按完成步骤记录	第　步	
		第　步	
		第　步	
		第　步	
		第　步	
		第　步	
		第　步	
	重点记录（知识、技能、规范、方法及工具等）		
	难点记录		
课后反思	出现问题及解决方案		
	课后学习		

任务评价	自我评价（30分）	课前学习	时间观念	实施方法	知识技能	成果质量	分值
	小组评价（30分）	任务承担	时间观念	团队合作	知识技能	成果质量	分值
	教师评价（40分）	任务承担	时间观念	团队合作	知识技能	成果质量	分值

知识与技能

一、认识并检测直流稳压电源的元器件

直流稳压电源的元器件的型号规格及数量见表2-1。可借助万用表对各类元器件进行识读与检测，元器件的性能良好才能保证电路工作正常。

表2-1 直流稳压电源元器件明细表

序号	标号	型号规格	数量
1	VD1～VD4	1N4001	4
2	VD5	稳压值2V	1
3	VT1	SC2328	1
4	VT2、VT3	9013	2
5	R1	2kΩ±5%	1
6	R2	1kΩ±5%	1
7	R3	300Ω±5%	1
8	R4	510Ω±5%	1
9	RP	电位器，680Ω±10%	1
10	RL	62Ω±5%	1
11	C1	1000μF/16V	1
12	C2	47μF/16V	1
13	C3	470μF/16V	1
14	FU	熔断器与插座	1
15	T	电源变压器	1

1. 电阻器的阻值标志法

导体对电流的阻碍作用称为该导体的电阻，利用这种阻碍作用做成的元器件则称为电阻器，简称电阻。电阻器作为基本的电子元器件之一，在电子电路中的应用极其广泛。

电阻的单位为：欧姆（Ω）、千欧（kΩ）、兆欧（MΩ），其换算关系是：

$$1MΩ=10^3kΩ=10^6Ω，即：1MΩ=1000kΩ=1000000Ω$$

可以通过电阻表面标注的信息识读出该电阻器的标称阻值，如：

（1）直接标志法 可以通过电阻表面的标识直接读出，如图2-7所示电阻，

其电阻阻值为3.3kΩ，额定功率为5W。

图2-7　直接标志法

（2）数码法　如图2-8所示电阻，标识为103的电阻阻值为$10×10^3Ω=10000Ω=10kΩ$，标识为122的电阻阻值为$12×10^2Ω=1200Ω=1.2kΩ$。

图2-8　数码法

（3）文字符号法　如图2-9所示电阻标注为6R8，则阻值为6.8Ω；若电阻标注为2K1，则阻值为2.1kΩ；若电阻标注为5M8，则阻值为5.8MΩ。

图2-9　文字符号法

（4）色环标志法　色环电阻一般可分为四环与五环电阻，其电阻表面的每一个色环所在位置不同，则表示的含义不同，其各自含义如图2-10所示。

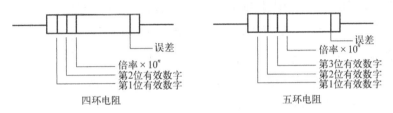

图2-10　色环标志法

具体色环表如表2-2所示。

表2-2 色环表

颜色	黑	棕	红	橙	黄	绿	蓝	紫	灰	白	金	银
有效数字	0	1	2	3	4	5	6	7	8	9		
倍率	10^0	10^1	10^2	10^3	10^4	10^5	10^6	10^7	10^8	10^9	10^{-1}	10^{-2}
误差		±1%	±2%			±0.5%	±0.25%	±0.1%			±5%	±10%

例如，若四环电阻为：

① 灰橙棕金，则阻值为：$R=83×10^1Ω=830Ω$，误差为±5%。

② 黑红绿金，则阻值为：$R=02×10^5Ω=2×10^5Ω=200000Ω=200kΩ$，误差为±5%。

若五环电阻为：

① 棕黄黑黑棕，则阻值为：$R=140×10^0Ω=140×1Ω=140Ω$，误差为±1%。

② 黑绿蓝银棕，则阻值为：$R=056×10^{-2}Ω=56×0.01Ω=0.56Ω$，误差为±1%。

2. 利用万用表测量电阻值

（1）选挡：将万用表转换开关拨到"Ω"挡。

（2）选量程：根据被测电阻的大小选择合适的"Ω"挡倍率，有"$R×1$""$R×10$""$R×100$""$R×1k$""$R×10k$"等。通常应使指针指在刻度线的中间段。

（3）调零：将红黑表笔短接，调节"欧姆调零"旋钮使指针指在0Ω位置。

（4）接法：将被测电阻从电路中脱开，两个表笔分别接在被测电阻的两个引线上。

（5）读数：读标有"Ω"的刻度线，指针指示的数值，再乘以量程倍率即为被测电阻的阻值。例如，当转换开关拨至"$R×100$"挡时，若指针指到30，则该电阻的实际阻值为$30×100Ω=3000Ω=3kΩ$。

3. 电容器的容量标志法

电容器是能够储藏电荷的"容器"，是储能元件，也是常用的电子元器件之一，用来衡量电容器储存电荷能力大小的物理量是"电容量"。在国际单位制里"电容量"的单位是法拉(简称法)，符号为F。辅助电容单位还有：毫法（mF）、微法（μF）、纳法（nF）和皮法（pF）。其换算关系是：$1F=10^3mF=10^6μF=10^9nF=10^{12}pF$。

可以通过电容器表面标注的信息来识读出电容量，如：

（1）直接标志法 如图2-11所示电容，其容量为3300μF，耐压为16V。

标"—"为负极

图 2-11 直接标志法

（2）数码法 一般用三位数字表示电容器的容量大小，其单位为pF，其中第1、2位为有效数字，第3位表示倍率，即表示有效值后"零"的个数。如"103"表示$10×10^3$pF=10000pF=10nF。

（3）数字表示法 只标数字，不标单位，仅限于pF或μF。如62表示62pF、27表示27pF等。

（4）数字字母法 如1p5=1.5pF、4μ7=4.7μF、3n5=3.5nF等。

4. 电容器的检测

（1）电解电容的检测 将黑表笔接到电容正极，红表笔接到电容负极，接触瞬间若指针有充电现象，即指针右偏后再向左慢慢返回至某一位置，此时电阻值为正向漏电阻，说明电容有正向充电现象；将黑表笔接电容负极，红表笔接电容正极，若指针有充电现象，即指针右偏后再向左慢慢返回

至某一位置，此时电阻值为反向漏电阻，说明电容有反向充电现象。若正反向充电正常，说明电容质量良好。若正反向均无充电现象，即表针在"∞"不动，说明电容容量消失或内部断路。若阻值很小或为"0"，说明电容已击穿损坏或漏电大。

（2）无极性电容的检测 检测小于10pF的小电容，因容量太小，可选用万用表"$R×10k$"挡，阻值为"∞"表示良好，为"0"表示漏电或内部击穿。检测10pF～0.01μF之间的电容器，可选用万用表"$R×1k$"挡观察是否有充电现象，进而判断其好坏。检测大于0.01μF的电容器，可选用万用表"$R×10k$"挡，观察是否有充电现象，进而判断其好坏。

二、直流稳压电源的安装与焊接

1. 按图2-12所示装配图正确安装并焊接元器件

2. 安装焊接要求

（1）电阻采用水平安装，可贴紧印制板，注意电阻的色标排列顺序应一致。

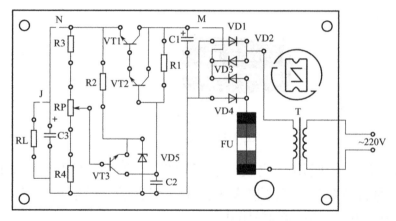

图 2-12　串联型稳压电源装配图

（2）可调电阻器采用直立安装并紧贴印制板，注意三个脚的位置。

（3）整流二极管、稳压二极管采用水平安装，紧贴印制板，注意稳压二极管的方向。

（4）三极管、电容直立安装，三极管底面离印制板 5mm。

（5）电解电容离印制板不大于 4mm。

（6）所有插入焊盘孔的元器件引脚及导线均采用直脚焊接，剪脚留头在焊面以上 0.5～1mm。

（7）电源变压器用螺钉紧固在印制板上，印制板的另两个脚也装上螺钉；螺母均放在导线前面；伸长的螺钉用作支撑架；变压器一次绕组向外，电源线由印制板导线面穿过电源线孔，打结后，与一次绕组引出线焊接，焊接后需用绝缘胶布恢复绝缘。

（8）未述之处均按常规工艺。

? 问题思考

1. 电阻阻值的标识方法有几种？如何识读色环电阻阻值？

2. 如何识读电容容量并检测电容质量？

任务三　直流稳压电源功能调试

任务目标

知识目标	1. 掌握直流稳压电源功能调试的方法。 2. 掌握利用示波器观察电压波形的方法。
能力目标	1. 能够利用示波器正确检测直流稳压电源各部分电路的电压波形。 2. 能够排除故障，完成直流稳压电源功能调试。
素养目标	1. 通过小组合作，逐步培养学生分工协作的意识。 2. 通过示波器的使用，逐步培养学生正确使用仪表的安全操作意识。
思政要素	通过稳压电源功能调试熟悉电子仪器操作的规范性，了解电子行业的工业标准。

学生任务单

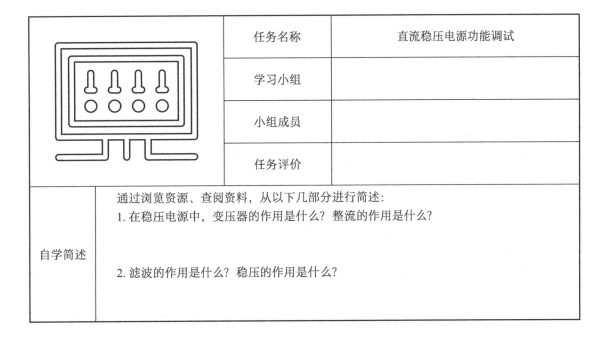

	任务名称	直流稳压电源功能调试
	学习小组	
	小组成员	
	任务评价	
自学简述	通过浏览资源、查阅资料，从以下几部分进行简述： 1. 在稳压电源中，变压器的作用是什么？整流的作用是什么？ 2. 滤波的作用是什么？稳压的作用是什么？	

续表

任务分析	制定任务实施步骤	根据任务目标、课前及课上提供的教学资源，在教师指导下制定任务实施步骤。 1. 分析探讨直流稳压电源通电前的检查内容，并制定产品调试步骤。 2. 制定利用示波器观察直流稳压电源各部分电路电压波形的操作步骤。	
	小组成员任务分工	任务分工	完成人
任务实施	按完成步骤记录	第　步	
		第　步	
		第　步	
		第　步	
		第　步	
		第　步	
		第　步	

续表

任务实施	重点记录（知识、技能、规范、方法及工具等）						
	难点记录						
课后反思	出现问题及解决方案						
	课后学习						
任务评价	自我评价（30分）	课前学习	时间观念	实施方法	知识技能	成果质量	分值
	小组评价（30分）	任务承担	时间观念	团队合作	知识技能	成果质量	分值
	教师评价（40分）	任务承担	时间观念	团队合作	知识技能	成果质量	分值

知识与技能

一、直流稳压电源功能调整与测试

1. 测试C1两端电压

元器件焊接正确无误后,接通220V交流电(在调试时注意M、N、J是否需接通或断开,焊接时要在断电情况下进行)。用万用表测量C1两端的电压,并记录$U_{C1}=$___。

2. 测试C3两端电压

用万用表测试C3两端电压,调节RP为最大或最小,用万用表分别测出U_{omax}和U_{omin}的值并记录$U_{omax}=$_____;$U_{omin}=$_____。

3. 测量输出电压U_o

调节RP值,使输出电压$U_o=6\text{ V}\pm 0.2\text{V}$。负载电阻RL接入前和接入后,输出电压的变化应小于0.5V。记录数据为$U_{o1}=$___,$U_{o2}=$___。

4. 利用万用表测量并记录表2-3中各电压值

表2-3　记录万用表测量稳压电源各电压数据表

测量内容	测量电压值/V	测量内容	测量电压值/V
电源变压器二次电压		VT2的发射极电压值U_{e2}	
断开M点整流后的电压值		VT3的基极电压值U_{b3}	
断开M点C1两端的电压值		VT3的集电极电压值U_{c3}	
VT1的基极电压值U_{b1}		VT3的发射极电压值U_{e3}	
VT1的集电极电压值U_{c1}		VD5两端的电压值U_+	
VT1的发射极电压值U_{e1}		VD5两端的电压值U_-	
VT2的基极电压值U_{b2}		不接RL时输出电压值	
VT2的集电极电压值U_{c2}		接RL时输出电压值	

5. 测试波形

调整好示波器的挡位,测量电源变压器二次侧、桥式整流、电容滤波、稳压输出各点的实际工作波形,并把观察到的波形记录下来,测量波形记录在表2-4中。

表2-4　记录示波器测量稳压电源各点电压波形图

测量内容	测量波形图	测量内容	测量波形图
电源变压器二次电压		接通M点C1两端的电压	
断开M点整流后的电压		输出电压	

二、常见故障与排除方法

1. 无直流输出电压

此故障可首先测量滤波电容C1两端电压值。如两端无电压,则故障原因是电源整流二极管损坏、熔断器断路、电源变压器一次侧或二次侧断线、电源插头损坏等;如C1两端电压正常,则故障在稳压电路,可测量VT1、VT2、VT3和VD5的工作电压值,找出是什么原因。一般是VT1、VT2复合调整管截止,引起无直流输出电压。

2. 输出电压偏低且调不上去

输出电压偏低主要由三种情况引起:一是负载重、电流过大引起;二是整流管、滤波电容性能变差,它们的带负载能力差引起;三是稳压电路中稳压二极管、比较放大管、调整管性能不良引起。先检查负载是否有短路现象,如有应先排除;其次是测量C1,其漏电也会使电源的带负载能力下降;最后测量整流二极管的导电特性。以上情况正常后检查稳压电路,在稳压电路中主要测量复合调整管VT1、VT2的性能是否良好、工作电压是否正常,然后检查比较放大管VT3和稳压二极管VD5。

3. 输出电压偏高且调不下来

如果滤波电容两端电压正常,则输出电压偏高是调整管U_{CE1}压降减少引起的,此时测VT3集电极电压是否偏高,然后查VT3、VD5是否有断路现象。取样电路中元器件断开也会造成输出电压偏高调不下来的故障现象。

4. 输出直流电压纹波系数大

出现这种故障主要是滤波电容的容量变小或漏电引起的。检查C1、C2、C3是否漏电,哪个电容漏电则更换哪个。

问题思考

1. 根据图2-6所示串联型稳压电路原理图，分析若将R3和R4对调，稳压电源将会有什么改变？

2. 根据图2-6所示串联型稳压电路原理图，分析若VD5击穿，VT1集电极与发射极短路，RP微调电位器中心抽头接触不良将会产生什么故障现象？

项目三
有线电视信号放大器的制作

项目描述

放大器可以将输入信号的幅度放大,如提高声音的音量和强度、提高信号的质量和清晰度等,常被广泛应用于音响、电视、通信设备等领域,如电视信号放大器、手机信号放大器、收音机放大器等。本项目通过一个简易有线电视信号放大器的制作引导学生认识三极管元件,并通过Multisim仿真软件进行电路仿真,从而掌握放大器电路组成及工作原理,了解稳定静态工作点的重要性,并能够利用信号发生器、毫伏表、示波器完成放大器功能测试。

项目目标

1. 了解三极管的结构、类型及作用,会绘制三极管符号。
2. 能利用万用表检测三极管的质量,并判别电极。
3. 能利用Multisim软件进行放大器电路仿真,掌握电路组成及工作原理,了解稳定静态工作点的重要性。
4. 能使用电烙铁等工具完成放大器的安装。
5. 能正确使用仪器仪表(信号发生器、毫伏表、示波器)对放大器进行功能调试。

任务 一　识读有线电视信号放大器原理图

任务目标

知识目标	1. 掌握三极管的构成、类型及作用，会用符号表示。 2. 掌握三极管质量与电极的检测方法。 3. 掌握有线电视信号放大器电路的基本组成及工作原理。
能力目标	1. 能够正确叙述三极管的结构及类型，并绘制三极管符号。 2. 能利用万用表检测三极管的质量并判别极性。 3. 能利用Multisim软件正确绘制有线电视信号放大器电路图并进行仿真。
素养目标	1. 通过三极管的检测，使学生逐步养成规范、安全使用仪表的意识。 2. 通过使用Multisim软件进行电路仿真，逐步培养学生善于动脑、乐于接受新知识与新技术的学习态度。
思政要素	通过1956年诺贝尔物理学奖获得者巴丁、布拉丹和肖克利，即三极管的发明者，偶然间发现三极管具有电流放大作用这一事迹，引导学生养成辩证思维，培养不畏艰难、不惧失败，在通往成功的道路上不断探索的精神。

学生任务单

任务名称	识读有线电视信号放大器原理图
学习小组	
小组成员	
任务评价	

续表

自学简述	通过浏览资源、查阅资料,从以下几部分进行简述: 1. 对比二极管元件,三极管元件是什么样的结构? 2. 三极管的作用是什么?你所知道的电子产品中有哪些使用到了三极管?		
任务分析	制定任务 实施步骤	根据任务目标、课前及课上提供的教学资源,在教师指导下制定任务实施步骤。 　1. 三极管检测:归纳总结三极管质量检测与判别极性的方法,掌握三极管的结构与分类。 　2. 电路仿真:分析探讨在 Multisim 仿真软件中绘制放大器电路的方法,并制定仿真步骤。	
	小组成员 任务分工	任务分工	完成人
任务实施	按完成 步骤记录	第　　步	
		第　　步	
		第　　步	
		第　　步	
		第　　步	
		第　　步	
		第　　步	

项目三　有线电视信号放大器的制作

续表

任务实施	重点记录（知识、技能、规范、方法及工具等）						
	难点记录						
课后反思	出现问题及解决方案						
	课后学习						
任务评价	自我评价（30分）	课前学习	时间观念	实施方法	知识技能	成果质量	分值
	小组评价（30分）	任务承担	时间观念	团队合作	知识技能	成果质量	分值
	教师评价（40分）	任务承担	时间观念	团队合作	知识技能	成果质量	分值

知识与技能

一、认识三极管

与二极管一样,三极管也是半导体器件之一,全称为半导体三极管,也称为晶体三极管。它具有电流放大作用,可以把微弱电信号放大成幅度值较大的电信号,也可以作为无触点开关使用。常见三极管如图3-1所示。

图3-1 常见三极管

1. 三极管结构及类型

三极管是在一块半导体基片上制作两个相距很近的PN结,两个PN结把整块半导体分成三部分,中间部分是基区,两侧部分是发射区和集电区,可分为NPN和PNP两种。内部结构如图3-2所示。

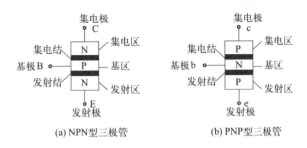

(a) NPN型三极管　　　　(b) PNP型三极管

图3-2 三极管内部结构

由上述结构图可见,每个三极管都有:三个区,分别是基区、集电区、发射区;三个电极,分别是基极B(b)、集电极C(c)、发射极E(e);两个PN结,分别是发射结、集电结。

2. 三极管符号

NPN和PNP型三极管符号如图3-3所示。

图 3-3　三极管符号

3. 三极管的测量

（1）选挡　将万用表置于"$R×1k$"或"$R×100$"挡后调零。

（2）判别基极B与管型　假定其中一个电极为基极，当该电极与另外2个电极间所测的正反向电阻一次较大、一次较小时，说明该电极为基极B，否则需重新假定判定。在确定基极后，将黑表笔接在基极，红表笔与另外任一电极相连，当电阻较小时基极为P，则该三极管为NPN型，否则为PNP型。

（3）判别集电极C和发射极E　建议选择"$R×1k$"挡。确定基极后，假设余下引脚之一为集电极C，另一个为发射极E，用手指分别捏住C极与B极（即用手指代替基极电阻Rb），同时，将万用表两表笔分别与C、E接触，若被测管为NPN型，则用黑表笔接触C极、用红表笔接触E极（PNP管则相反），观察指针偏转角度；然后再假设另一个引脚为C极，重复以上过程。比较两次测量指针的偏转角度，角度大的一次（电阻小）表明I_C大，管子处于放大状态，假设的C、E极正确。

二、识读简易有线电视信号放大器

1. 绘制简易有线电视信号放大器仿真电路图

在Multisim仿真软件平台下，根据图3-4所示简易有线电视信号放大器原理图绘制信号放大器仿真电路图，如图3-5所示。

绘图步骤为：

（1）运行Multisim软件。

（2）放置元件：将三极管、电阻、电容、电位器、电源等元件逐一从元件库中拖出，调整元件摆放方向并移动到合适位置。

（3）修改元件参数：双击元件打开编辑界面，对照原理图修改各元件的型号及参数。

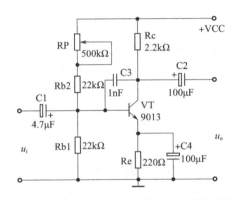

图 3-4　简易有线电视信号放大器原理图

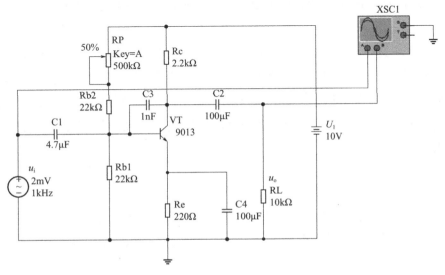

图 3-5　信号放大器仿真电路图

（4）连接导线：对照原理图连接导线，完成绘制并保存文件。

2. 电路仿真并观察输入输出电压波形

（1）按图 3-5 所示接入虚拟信号发生器及示波器，利用"A"键将可变电阻调至 30%，按下仿真按钮，调整示波器参数，观察放大器在正常放大时的输入 u_i 与输出 u_o 的电压波形，其波形如图 3-6 所示，理解放大器的放大作用。

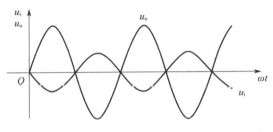

图 3-6　正常放大时的输入、输出电压波形

（2）利用"A"键改变RP电阻阻值，调整静态工作点，通过示波器观察放大器在饱和失真及截止失真时的电压波形。

放大器的工作状态分静态和动态两种：静态是指无交流信号输入时，电路中的电压、电流都不变的状态；动态是指放大电路有交流信号输入，电路中的电压、电流随输入信号作相应变化的状态。静态工作点的选择对放大器有很大的影响，若选择不当，容易引起失真。

① 截止失真：当静态工作点Q设置太低时，晶体三极管进入截止状态，没有放大作用，使输出波形出现失真，如图3-7（a）所示，这种晶体三极管进入截止状态而产生的失真称为截止失真。截止失真的特征是输出电压波形的正半周被削去一部分，增大静态工作点的数值（如减小RP）可减小或清除这种失真。

② 饱和失真：当静态工作点Q设置太高时，晶体三极管进入饱和状态，没有放大作用，使输出波形出现失真，如图3-7（b）所示，这种晶体三极管进入饱和状态而产生的失真称为饱和失真。饱和失真的特征是输出电压波形的负半周被削去一部分，降低静态工作点的数值（如增大RP）可减小或清除这种失真。

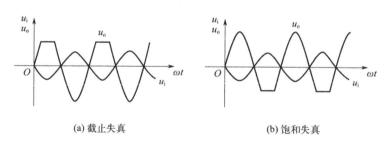

(a) 截止失真　　　　　　　　(b) 饱和失真

图3-7　电路失真时的输入、输出电压波形

问题思考

1. 三极管的三个区、三个电极、两个PN结分别是什么？如何判别三极管的类型与电极？
2. 如何调整静态工作点？若静态工作点的设置不合理，会出现什么情况？

任务二　有线电视信号放大器的焊接与组装

任务目标

知识目标	掌握简易有线电视信号放大器焊接与组装的步骤及方法。
能力目标	能够利用焊接工具完成简易有线电视信号放大器的焊接及组装。
素养目标	1. 通过小组合作，逐步培养学生分工协作的意识。 2. 通过简易有线电视信号放大器的焊接及组装，逐步培养学生安全操作的意识。
思政要素	通过简易有线电视信号放大器装配，使学生养成良好的操作规范意识，掌握6S管理的理念。

学生任务单

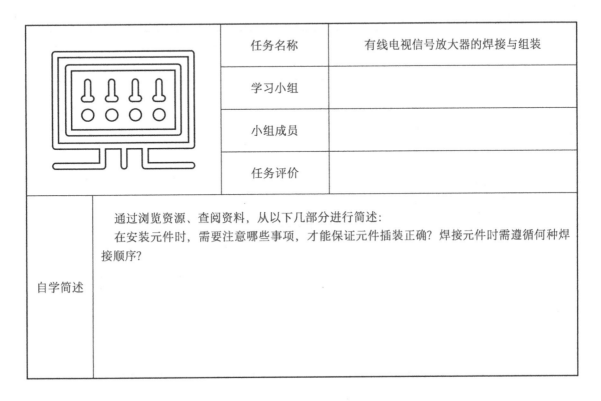

	任务名称	有线电视信号放大器的焊接与组装
	学习小组	
	小组成员	
	任务评价	
自学简述	通过浏览资源、查阅资料，从以下几部分进行简述： 在安装元件时，需要注意哪些事项，才能保证元件插装正确？焊接元件时需遵循何种焊接顺序？	

项目三　有线电视信号放大器的制作

续表

任务分析	制定任务实施步骤	根据任务目标及提供的教学资源，结合有线电视信号放大器的元件类别，分析探讨元件检测方法及焊接顺序，制定装配步骤。	
^	小组成员任务分工	任务分工	完成人
^	^		
^	^		
^	^		
任务实施	按完成步骤记录	第　步	
^	^	第　步	
^	^	第　步	
^	^	第　步	
^	^	第　步	
^	^	第　步	
^	^	第　步	

续表

任务实施	重点记录（知识、技能、规范、方法及工具等）					
	难点记录					
课后反思	出现问题及解决方案					
	课后学习					
任务评价	自我评价（30分）	课前学习	时间观念	实施方法	知识技能	成果质量	分值
	小组评价（30分）	任务承担	时间观念	团队合作	知识技能	成果质量	分值
	教师评价（40分）	任务承担	时间观念	团队合作	知识技能	成果质量	分值

知识与技能

一、元器件的选择及检测

简易有线电视信号放大器的元器件的型号规格、数量见表3-1。可借助万用表对电子元器件进行检测,只有元器件的性能良好才能保证电路工作正常。

表3-1 元器件明细表

序号	标号	型号规格	数量
1	Rb1、Rb2	22kΩ±5%	2
2	Rc	2.2kΩ±5%	1
3	Re	220Ω±5%	1
4	RP	500kΩ	1
5	C1	电解电容 4.7μF	1
6	C2、C4	电解电容 100μF	2
7	C3	瓷片电容 1nF	1
8	VT	9013	1
9	插针	两针	3

二、元器件的安装与焊接

1. 按图3-8所示装配图正确安装元器件

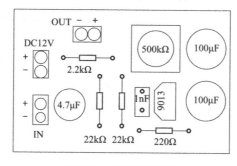

图3-8 元件装配图

2. 元器件安装及焊接注意事项

(1) 焊接顺序:先焊卧式元件(如电阻)、后焊立式元件(如三极管、电

容、可变电位器、插针等）

（2）在焊接元件时要注意引脚之间不能出现连焊、虚焊及漏焊。

（3）对于有极性元件，如三极管及电解电容等，在焊接时要保证其极性不要接反。

? 问题思考

1. 如何判别三极管极性？怎样通过外观区分三极管的三个电极？

2. 如何通过外观区分电解电容的正负极？如何利用万用表检测电解电容的质量？

任务三 有线电视信号放大器功能调试

任务目标

知识目标	1. 掌握有线电视信号放大器功能调试的方法。 2. 掌握信号发生器、示波器、毫伏表的使用方法。
能力目标	1. 能够利用信号发生器为电路提供输入信号。 2. 能够利用示波器正确检测电路输入、输出电压波形。 3. 能够利用毫伏表正确测量输入、输出电压大小。 4. 能够排除故障，完成有线电视信号放大器功能调试。
素养目标	1. 通过小组合作，逐步培养学生分工协作的意识。 2. 通过信号发生器、示波器、毫伏表等仪器仪表的正确使用，逐步培养学生安全、规范使用仪表的意识。
思政要素	通过有线电视信号放大器功能调试，使学生形成规范操作电子仪器的意识，并熟悉电子行业的工业标准。

学生任务单

任务名称	有线电视信号放大器功能调试
学习小组	
小组成员	
任务评价	

自学简述	通过浏览资源、查阅资料，从以下几部分进行简述： 信号发生器、示波器、毫伏表的作用是什么？如何正确使用？应注意哪些事项？

续表

任务分析	制定任务实施步骤	根据任务目标、课前及课上提供的教学资源，结合信号发生器、示波器、毫伏表使用注意事项及电路图分析，探讨如何设置仪表参数，以及检测电压波形及大小的方法，制定检测步骤并记录结果。	
	小组成员任务分工	任务分工	完成人
任务实施	按完成步骤记录	第　步	
		第　步	
		第　步	
		第　步	
		第　步	
		第　步	
		第　步	

续表

任务实施	重点记录（知识、技能、规范、方法及工具等）							
	难点记录							
课后反思	出现问题及解决方案							
	课后学习							
任务评价	自我评价（30分）	课前学习	时间观念	实施方法	知识技能	成果质量	分值
	小组评价（30分）	任务承担	时间观念	团队合作	知识技能	成果质量	分值
	教师评价（40分）	任务承担	时间观念	团队合作	知识技能	成果质量	分值

知识与技能

一、认识电子仪器仪表

1. 低频信号发生器

如图3-9所示,低频信号发生器是用来产生正弦波信号的电子仪器。其输出信号的频率、电压或功率在一定范围内连续可调,所输出信号的频率和电压有相应的读数指示装置。除能产生正弦信号外,还能产生矩形波信号、三角波信号等。

图3-9 低频信号发生器

2. 示波器

如图3-10所示,示波器是一种用来观察和测量多种电信号波形的电子仪器。利用示波器可以观察一个电信号的波形。若使用双踪示波器就可以同时观察到两个电信号波形,进而对这两个电信号的相位差、幅值大小进行比较。

图3-10 示波器

3. 晶体管毫伏表

如图3-11所示,晶体管毫伏表是一种用来测量正弦波信号电压有效值的电子仪器。由于灵敏度很高,测量时应注意量程的选择。

图 3-11 晶体管毫伏表

二、电路功能调试

在检查电路安装、焊接无误后,接通+10V直流电源,进行电路调整与测试。

1. 静态工作点的调整与测试

(1)调整RP,使晶体管VT(对地、下同)的电压为1.5V±0.1V。

(2)测VT的基极、集电极电压U_B、U_C,以及基极-发射极电压U_{BE}。

(3)将数据填入表3-2中。

2. 动态指标电压增益A_U的测量

(1)将低频信号发生器输出的1000Hz、2mV正弦信号加在放大器信号输入端。

(2)选择合适量程,用晶体管毫伏表分别测出信号输入端、信号输出端电压的有效值,并将数据填入表3-2中。

(3)根据输入、输出端电压的有效值,算出电路空载时电路的电压增益,并将数据填入表3-2中。

表3-2 数据记录表

电压 /V		
$U_B=$	$U_C=$	$U_{BE}=$
信号发生器输出1000Hz、2mV正弦信号,用晶体管毫伏表测得数据		
输入电压	输出电压	空载时电路的电压增益

（4）按图3-12将放大器电路正确接入各类仪表，用示波器观察不失真情况下的放大器输入、输出电压波形，并在表3-3中记录。

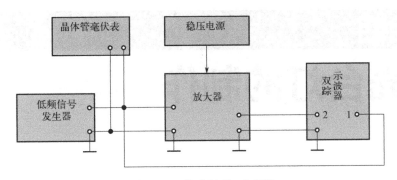

图3-12　仪表连接示意图

表3-3　波形记录表

输入、输出电压波形
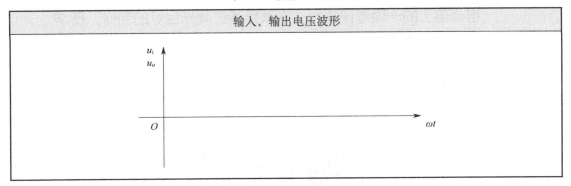

? 问题思考

1. 信号发生器、示波器、毫伏表的作用是什么？
2. 若静态工作点的设置不合理，放大器会出现什么情况？

项目四
调光台灯的制作

项目描述

基于单结晶体管及晶闸管的单相可控调压电路是中、高级维修电工的一项考评项目，本项目通过调光台灯的制作，使学生认识晶闸管及单结晶体管，掌握单相可控调压电路的工作原理，同时能够使用Altium Designer软件设计调光台灯的PCB板（电路板），并利用化学蚀刻法制作出调光台灯的PCB板。

项目目标

1. 掌握单结晶体管、晶闸管的结构、作用、符号及检测方法。
2. 掌握调光台灯的电路组成及工作原理。
3. 会使用Altium Designer软件绘制调光台灯电路原理图，并设计出PCB图。
4. 能正确利用化学蚀刻法制作调光台灯印制电路板。
5. 能正确进行调光台灯的安装及功能调试，并对常见故障进行检修排除。

任务一　识读调光台灯电路原理图

任务目标

知识目标	1. 掌握单结晶体管的结构、作用及符号。 2. 掌握晶闸管的结构、作用及符号。 3. 掌握调光台灯的电路组成及工作原理。
能力目标	1. 能够绘制单结晶体管及晶闸管的符号并叙述其作用。 2. 能够利用 Altium Designer 绘制调光台灯电路原理图。 3. 能够叙述调光台灯的调光原理。
素养目标	通过 Altium Designer 软件绘图，逐步培养学生善于动脑、乐于接受新知识与新技术的学习态度。
思政要素	通过 PCB 设计软件的研发历史，认识到我国在部分科研领域突飞猛进的发展及存在的不足，增强民族自豪感并树立终身学习、科技兴邦的爱国理念。

学生任务单

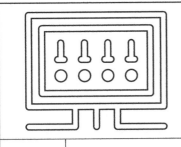

任务名称	识读调光台灯电路原理图
学习小组	
小组成员	
任务评价	

自学简述	通过浏览资源、查阅资料，从以下几部分进行简述： 1. 调光台灯的作用是什么？你所了解的调光台灯电路是怎样构成的？如何实现调光？ 2. 晶闸管与单结晶体管是何种元件？其基本作用是什么？常用在哪些电子产品中？ 3. 你对 Altium Designer 软件有何了解？

项目四　调光台灯的制作

续表

任务分析	制定任务实施步骤	根据任务目标及提供的教学资源，在教师指导下制定任务实施步骤。 1. 晶闸管与单结晶体管检测：总结归纳晶闸管与单结晶体管的结构、作用及检测方法。 2. 在前面已学 Mulitisim 软件的基础上，分析探讨在 Altium Designer 软件中绘制电路原理图的方法，制定调光台灯电路图绘制步骤。	
	小组成员任务分工	任务分工	完成人
任务实施	按完成步骤记录	第　步	
		第　步	
		第　步	
		第　步	
		第　步	
		第　步	
		第　步	

续表

任务实施	重点记录 （知识、技能、规范、方法及工具等）						
	难点记录						
课后反思	出现问题及解决方案						
	课后学习						
任务评价	自我评价 （30分）	课前学习	时间观念	实施方法	知识技能	成果质量	分值
	小组评价 （30分）	任务承担	时间观念	团队合作	知识技能	成果质量	分值
	教师评价 （40分）	任务承担	时间观念	团队合作	知识技能	成果质量	分值

知识与技能

一、认识单结晶体管

单结晶体管具有两个基极、一个PN结，故又被称为"双基极二极管"。国产单结晶体管有BT31、BT32、BT33、BT35等型号，其外形如图4-1所示。

图4-1 单结晶体管

1. 单结晶体管内部结构图及符号

单结晶体管共有三个电极，除了两个基极（第一基极b1、第二基极b2）外，还有第三个电极，即发射极e，其内部结构如图4-2所示，符号如图4-3所示。

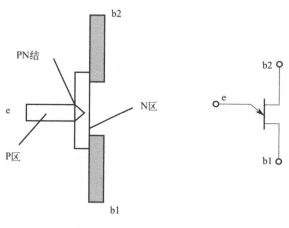

图4-2 内部结构图　　图4-3 符号

2. 单结晶体管的检测

理论上，单结晶体管的两个基极b1、b2之间的正反向电阻是相同的，约为几千欧，若正反向电阻为0或∞则说明该元件已损坏。

二、认识晶闸管

晶闸管是一个具有PNPN四层半导体结构的元件,其外形如图4-4所示,内部结构图如图4-5所示。晶闸管具有三个极,分别是阳极A、阴极K和门极(又叫控制极)G,其符号如图4-6所示。

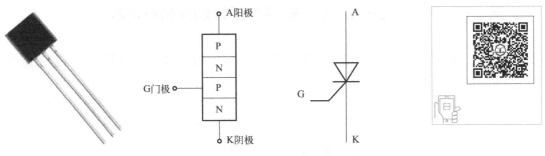

图4-4 晶闸管　　图4-5 内部结构图　　图4-6 晶闸管符号

1. 晶闸管的工作条件

晶闸管在A-K间承受正向阳极电压E_a,且G-K间承受正向控制电压E_g的情况下会导通,如图4-7所示。晶闸管一旦导通,门极将失去控制作用。

关断晶闸管:去掉(或降低)阳极电压E_a,使流经晶闸管的电流低于维持电流,则晶闸管自动关断。

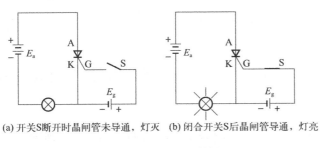

(a) 开关S断开时晶闸管未导通,灯灭　(b) 闭合开关S后晶闸管导通,灯亮

图4-7 晶闸管导通状态图

2. 晶闸管及带开关电位器的检测

晶闸管的检测:可以通过测量电极间电阻的方法来判别电极。将万用表选择"$R \times 1k$"或"$R \times 100$"挡。假定其中一端为门极G,接在黑表笔上,再用红表笔分别去接另外两端,所测电阻小的一端为K,电阻大的一端则为A。若两次所测电阻都大,则G假定错误。

带开关电位器的检测:首先检查外观,转动旋转轴或滑动把柄,观察旋转轴转动或把柄滑动是否平滑,开关是否灵活,开关通、断时,是否有"喀哒"

声，并听一听电位器内部接触点和电阻体摩擦的声音，如有"沙沙"声，说明质量不好。其次使用万用表检测，根据电位器标称阻值选择万用表的电阻挡及倍率挡，用表笔测量电位器的总电阻是否与标称阻值一致，然后再去检测分电阻，观察在缓慢地转动旋转轴或滑动把柄的同时，阻值是否在连续、均匀地变化，若出现突变现象，说明该电位器存在着接触不良和阻值变化不均匀的问题。

三、在Altium Designer软件中设计调光台灯电路

参照图4-8所示调光台灯电路原理图，在Altium Designer软件中绘制调光台灯电路原理图。其具体设计步骤为：

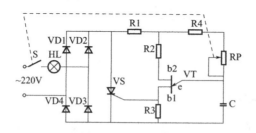

图4-8 调光台灯电路原理图

1. 启动Altium Designer软件

创建一个项目工程文件"调光台灯.prjPCB"，并在该项目工程文件下新建一个原理图文件，命名为"调光台灯原理图.SchDoc"。

2. 设置工作环境

根据需要选择电路图图纸大小，并设置系统参数，如栅格、标题栏等。

3. 加载元件库

在原理图编辑界面，软件默认已装入两个元件库，若在实际画图过程中，已装入的元件库中没有所需要的元件，则需要重新加载元件库，或者当所有元件库中均没有所需元件时，则需自己绘制元件。

4. 放置元件

将所需元件从元件库中取出拖放到图纸上，并利用移动、旋转等命令调整元件位置。

5. 修改元件参数

双击元件打开元件属性编辑框，可修改元件的标识符、数值、封装模型、注释等。

6. 连接导线

使用连线工具绘制元件间的导线，完成电路原理图的绘制。

7. 项目编译

对电路进行电气规则检查，以发现电路中出现的错误，并根据错误信息的提示进行纠正修改。

8. 创建网络表

网络表是电路原理图或印制电路板文件中元件连接关系的文本文件。

9. 保存原理图文件

为后续"调光台灯PCB板设计"做准备。

四、调光台灯电路原理

在图4-8所示调光台灯电路原理图中，VD1～VD4组成单相桥式整流电路，可将220V交流电转换为直流电，该直流电为晶闸管提供正向阳极电压的同时，又经电阻R2、R3给单结晶体管的b2、b1之间加上一个正电压，并通过电阻R4与RP对电容C进行充电。在接通电源前，单结晶体管处于阻断状态，电容C上的电压为零，接通电源后，电容两端电压随时间按指数规律上升，充电时间常数$\tau=(R_P+R_4)C$。其中，R_P为电位器RP的阻值，R_4为电阻R4的阻值，C为电容C的电容量。当电容两端电压U_C（即U_e）达到峰点电压时，单结晶体管e-b1间导通，电容上的电压经e-b1向电阻R3放电，从而在R3上形成脉冲电压。当电容两端电压（即U_e）降到谷点电压时，单结晶体管恢复到阻断状态，此后，电容又重新进行充电。重复上述过程，从而在电容上形成锯齿状电压，在R3上则形成脉冲电压。

R3上形成的脉冲电压加到晶闸管VS的控制极上作为晶闸管的触发脉冲使用，在VD1～VD4桥式整流输出的每一个半波时间内，都会产生一个脉冲作为有效触发信号。通过调节RP的阻值，可改变触发脉冲的相位，控制晶闸管VS的导通角，从而实现调节灯泡两端的电压，调节灯泡亮度的目的。

问题思考

1. 单结晶体管及晶闸管的基本作用是什么？如何检测、区分电极？
2. 由单结晶体管及晶闸管组成的调光台灯是如何实现调光的？叙述其工作原理。

任务二　调光台灯PCB板的设计与制作

任务目标

知识目标	1. 掌握利用Altium Designer软件设计调光台灯PCB板的方法。 2. 掌握利用化学蚀刻法制作调光台灯PCB板的方法。
能力目标	1. 能够利用Altium Designer软件完成调光台灯PCB板的设计。 2. 能够利用化学蚀刻法完成调光台灯PCB板的制作。
素养目标	1. 通过小组合作，逐步培养学生分工协作的意识。 2. 通过PCB板的制作，逐步培养学生安全规范使用仪器设备的操作意识。
思政要素	学生通过了解20世纪初PCB板初次问世到1936年箔膜技术的发展历史，以及现今我国PCB板制造业的迅猛发展，总产量、总产值双双位居世界第一这一变化，增强民族自信心及自豪感。

学生任务单

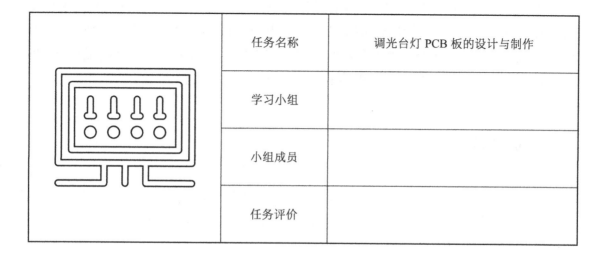

	任务名称	调光台灯PCB板的设计与制作
	学习小组	
	小组成员	
	任务评价	

续表

自学简述	通过浏览资源、查阅资料，从以下几部分进行简述： 1. 什么是 PCB 板？PCB 的发展历史是怎样的？ 2. 你所了解的市面上常用的 PCB 设计软件有哪些？ 3. PCB 板的制作方法有哪些？		
任务分析	制定任务 实施步骤	根据任务目标、课前及课上提供的教学资源，制定任务实施步骤。 　1. 在教师指导下熟悉 Altium Designer 软件设计 PCB 的方法，分析制定出调光台灯 PCB 板设计步骤。 　2. 在教师引导下学习 PCB 板制作的常见方法，制定利用化学蚀刻法制作调光台灯 PCB 板的实施步骤。	
	小组成员 任务分工	任务分工	完成人
任务实施	按完成 步骤记录	第　步	
		第　步	
		第　步	
		第　步	
		第　步	
		第　步	
		第　步	
	重点记录 （知识、技能、 规范、方法及 工具等）		

续表

任务实施	难点记录	
课后反思	出现问题及解决方案	
	课后学习	

任务评价	自我评价（30分）	课前学习	时间观念	实施方法	知识技能	成果质量	分值
	小组评价（30分）	任务承担	时间观念	团队合作	知识技能	成果质量	分值
	教师评价（40分）	任务承担	时间观念	团队合作	知识技能	成果质量	分值

知识与技能

一、什么是PCB板

PCB是英文printed circuit board的缩写，中文名称为印制电路板或印刷线路板，小到家用电器，大到各种军用武器系统，为实现各元件之间的电气连接，都需要用到印制电路板。它一般由绝缘底板、连接导线和装配焊接电子元件的焊盘组成。目前应用较为广泛的PCB设计软件有Altium Designer、Proteus、PADS、OrCAD等。

二、在Altium Designer软件中设计调光台灯PCB板

在Altium Designer软件中设计PCB的基础是先要在原理图编辑器环境下绘制出相应的电路原理图，本次任务是在任务一设计出的"调光台灯.prjPCB"项目工程文件及"调光台灯原理图.SchDoc"原理图文件的基础上，生成并设计调光台灯PCB板图。其具体设计步骤为：

1. 创建PCB文件并规划电路板

可利用PCB向导建立一个新的PCB文件，在向导的提示下进行PCB板参数设定，如度量单位、PCB类型、电路板配置、信号层及内电源层选择、过孔风格、元件及布线逻辑、导线与过孔尺寸等。注意完成后要及时将其命名为"调光台灯.PcbDoc"，并与"调光台灯原理图.SchDoc"文件一同保存到"调光台灯.prjPCB"项目工程文件下，才可执行下一步操作。

2. 装入元件封装库及网络表

在原理图环境下执行"设计/Update PCB DocuMent"命令，会自动装入元件及网络表，此时系统会自动跳转到PCB编辑界面，并可在印制板上看到已放置好的元件及元件之间连接的飞线。

3. 手动调整元件布局

若系统自动生成的元件布局不合理，需要进行手动调整，其布局原则是使元件整齐且布线容易。

4. 布线

执行元件自动布线，必要时进行手动布线调整。其布线规则是元件均匀分

布、不能重叠，元件间飞线尽量短且不交叉，功率大的元件不要集中在一起等。

三、制作调光台灯PCB板

PCB板制作最基本的方法有化学蚀刻法和物理雕刻法。本任务采用化学蚀刻法制作调光台灯PCB板，其制作流程如下：打印PCB板图→下料→转印→修板→蚀刻→钻孔→去油墨→水洗风干→涂剂，具体操作步骤及使用设备如表4-1所示。

表4-1 化学蚀刻法制板步骤及使用设备

制板步骤	操作提示及注意事项	使用设备
打印PCB板图	将设计好的PCB板图利用可走厚纸的激光打印机打印到热转印纸的亚光面上。 注意：PCB图上只保留焊盘及导线，不要画元件，否则会造成短路	激光打印机
下料	① 裁板：利用裁板机按PCB板图实际尺寸裁切覆铜板。 ② 去油污锈渍：可用三氯化铁废溶液擦洗覆铜板表面，再用清水冲洗晾干或用干净布擦干	裁板机 覆铜板
转印	① 将印好的PCB板图与覆铜板的铜箔面对正贴实，并用耐热胶带固定。 ② 启动热转印机并进行预热，然后将粘贴好的板图与覆铜板放在热转印机入口，按下热转印机"△"箭头，机器会自动把板输入，并将图形转印到敷铜板上，然后自动把板输出。 ③ 待板自然冷却到室温后揭去转印纸	热转印机

续表

制板步骤	操作提示及注意事项	使用设备
修板	用油性签字笔修复转印形成的砂眼与断线,将缺损的焊盘与布线补齐加深	油性签字笔
蚀刻	① 准备腐蚀溶液（可二选一）： 配方一：三氯化铁溶液（600g 三氯化铁 +1000mL 水，蚀刻温度为 70~90℃） 配方二：盐酸及双氧水溶液[配比比例为水:盐酸:双氧水（$H_2O:HCl:H_2O_2$）= 4:2:1] ② 蚀刻：将板子浸入腐蚀溶液中，以溶液量基本没过电路板为宜。用长毛软刷（如排笔）轻刷印制板或晃动腐蚀液，可加速蚀刻速度。腐蚀完毕后，用水冲一下，晾干。 注意：腐蚀液要妥善存放，以备后用，或由废液回收单位收回统一处理，不得随便倒掉污染环境	三氯化铁
钻孔	用钻孔机把焊盘钻出来。 注意：戴好护目镜；钻孔时要压住印制板，钻孔过程中不得移动，以防钻头折断；钻头进刀速度适中，以防毛刺过大	钻孔机
去油墨	用少许棉丝式碎布，蘸去污粉用力擦拭，直至焊盘与线表面光亮无污渍	去污布
水洗风干	用清水冲洗掉孔中残留，也可通过振动或用硬导线进行清理	清水
涂剂	将助焊剂（或松香酒精溶液）均匀地涂敷在表面处理好的印制板上，既可助焊又可保护敷铜面，防止氧化锈蚀，涂剂风干后可长时间保存	助焊剂或松香酒精溶液

? 问题思考

如何利用化学蚀刻法制作PCB板？制作时的安全注意事项有哪些？

任务三　调光台灯的组装与调试

任务目标

知识目标	1. 掌握调光台灯焊接与装配的步骤及方法。 2. 掌握调光台灯功能调试的方法。
能力目标	1. 能够利用焊接工具完成调光台灯的焊接及装配。 2. 能够排除故障，完成调光台灯功能调试。
素养目标	1. 通过小组合作，逐步培养学生安全生产、分工协作的意识。 2. 通过仪器仪表的正确使用，逐步培养学生安全使用仪表的意识。
思政要素	通过调光台灯的装配及测试使学生养成良好的操作规范意识，掌握6S管理的理念，立志成为大国工匠。

学生任务单

任务名称	调光台灯的组装与调试
学习小组	
小组成员	
任务评价	

自学简述	通过浏览资源、查阅资料，从以下几部分进行简述： 结合调光台灯电路原理图，简述电路可能出现的故障有哪些？该如何进行解决？

续表

任务分析	制定任务实施步骤	根据任务目标、课前及课上提供的教学资源,在教师指导下制定任务实施步骤。 1. 根据调光台灯元件类型,制定调光台灯装配步骤。 2. 结合实际生活及电子产品装配经验,分析探讨调光台灯通电前需做哪些常规检查,通电时要注意的安全问题,制定调试步骤。		
	小组成员任务分工	任务分工		完成人
任务实施	按完成步骤记录	第 步		
		第 步		
		第 步		
		第 步		
		第 步		
		第 步		
		第 步		

续表

任务实施	重点记录（知识、技能、规范、方法及工具等）						
	难点记录						
课后反思	出现问题及解决方案						
	课后学习						
任务评价	自我评价（30分）	课前学习	时间观念	实施方法	知识技能	成果质量	分值
	小组评价（30分）	任务承担	时间观念	团队合作	知识技能	成果质量	分值
	教师评价（40分）	任务承担	时间观念	团队合作	知识技能	成果质量	分值

知识与技能

一、调光台灯元器件的选择及检测

调光台灯的元器件名称、型号规格、数量见表4-2。可借助万用表对电子元器件进行检测,只有元器件的性能良好才能保证电路工作正常。

表4-2 调光台灯元器件明细表

标号	名称	型号规格	数量
VD1～VD4	二极管	1N4007	4
VS	晶闸管	3CT	1
VT	单结晶体管	BT33	1
R1	电阻	51kΩ±5%	1
R2	电阻	300Ω±5%	1
R3	电阻	100Ω±5%	1
R4	电阻	18kΩ±5%	1
RP、S	带开关电位器	470kΩ±5%	1
C	涤纶电容器	0.022μF±10%	1
HL	灯泡	220V,25W	1
	灯座		1
	电源线、安装线		若干

二、调光台灯元器件的安装与焊接

1. 元器件的安装与焊接

按图4-9所示装配图正确安装各元器件。

2. 安装与焊接要求

(1) 元器件焊接顺序为:先焊体积小、低的元器件,如电阻、二极管,后焊体积大、高的元器件,如晶闸管、单结晶体管、电容、带开关的电位器等,最后焊接电源线及灯头接线。

(2) 二极管、晶闸管在焊接时要注意电极不要接错,电容为无极性电容。

(3) 单结晶体管在焊接前要检测b1-b2间正反向电阻,若为0或∞则管子损

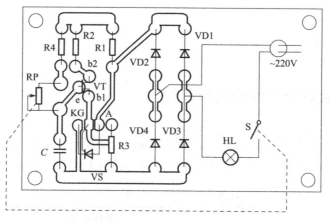

图 4-9 元器件装配图

坏,需要更换。同时注意焊接时不能长时间给元器件加热,否则会烫坏管子。

(4)带开关的电位器焊接到印制电路板上,并用螺母将其固定在灯座上。

(5)将电源插头及灯头连线用导线与印制板进行正确连接。

三、电路功能调试与检测

由于电路直接与220V交流电相连,通电调试前要认真核查各个元件的安装是否正确,焊接是否牢固,并检查电源插头是否短路,通电调试时要注意安全,防止触电。通电后打开开关,旋转电位器旋钮,灯泡应逐渐变亮或变暗。

四、常见故障检修

若通电后灯泡不亮,不可调光,其故障检修过程如下:首先检查电源及灯头与印制板的连接线是否正常,其次检查桥式整流电路后是否有直流电压输出,若全部正常则考虑是由BT33组成的单结晶体管张弛振荡器出现问题,主要检测单结晶体管BT33是否损坏、电容C是否漏电或损坏等。

若调节电位器RP至最小位置时,灯泡突然熄灭,可检测R4的阻值,若R4的实际阻值太小或短路,则应更换R4。

? 问题思考

1. 调光台灯在进行通电调试前需做哪些常规检查?

2. 调光台灯常见故障有哪些?如何进行故障排查?

项目五
楼道触摸延时开关的制作

项目描述

为方便照明与节能减排，楼道触摸延时开关在居家及办公等场所都有所应用。当接通电源后，楼道灯不会立即点亮，只有在用手接触触摸片后灯才会点亮，并持续点亮一段时间后自动熄灭。本项目通过介绍楼道触摸延时开关的制作引导学生认识NE555集成器件及单稳态触发器电路，并学习利用Proteus软件进行电路仿真、PCB设计，以及利用刻板机进行PCB板制作的方法。

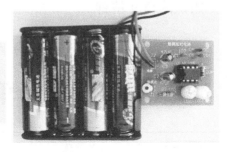

项目目标

1. 认识NE555集成器件的功能及引脚排列图。
2. 能使用Proteus仿真软件设计楼道触摸延时开关电路，并掌握楼道触摸延时开关的工作原理。
3. 能正确利用Proteus软件及刻板机进行楼道触摸延时开关PCB的设计与制作。
4. 能完成楼道触摸延时开关的装配与调试，会进行常见故障检修。

任务 一　识读校验楼道触摸延时开关

任务目标

知识目标	1. 掌握NE555集成器件的功能及其引脚排列图。 2. 掌握楼道触摸延时开关的电路组成及工作原理。
能力目标	1. 能够正确识别NE555集成器件的引脚排列。 2. 能利用Proteus软件正确绘制楼道触摸延时开关原理图并进行仿真。 3. 能够正确叙述楼道触摸延时开关的工作原理。
素养目标	通过使用Proteus软件，逐步培养学生善于动脑、乐于接受新知识与新技术的学习态度。
思政要素	核心科技是国之重器，芯片的发展是中国电子产品发展、制造业发展的重中之重。通过芯片发展轨迹，培养学生的爱国情怀，以及为实现百年奋斗目标而努力学习专业知识的奋斗精神。

学生任务单

	任务名称	识读校验楼道触摸延时开关
	学习小组	
	小组成员	
	任务评价	
自学简述	通过浏览资源、查阅资料，从以下几部分进行简述： 1. NE555集成器件被利用在哪些电子产品中？具有什么作用？ 2. 除了Multisim仿真软件外，你所了解的常用电路仿真软件还有哪些？通过自学简述Proteus软件的基本绘图方法。	

续表

任务分析	制定任务实施步骤	根据任务目标、课前及课上提供的教学资源，在教师指导下制定任务实施步骤。 1. 归纳总结 NE555 集成器件及单稳态触发器电路的延时原理。 2. 在前面已学 Multisim、Altium Designer 软件的基础上，在教师指导下熟悉 Proteus 软件的基本操作，制定楼道触摸延时开关电路图绘制及仿真的步骤，并对仿真结果进行记录与分析。		
	小组成员任务分工	任务分工		完成人
任务实施	按完成步骤记录	第　步		
		第　步		
		第　步		
		第　步		
		第　步		
		第　步		
		第　步		

续表

任务实施	重点记录 （知识、技能、 规范、方法及 工具等）						
	难点记录						
课后反思	出现问题及解 决方案						
	课后学习						
任务评价	自我评价 （30分）	课前学习	时间观念	实施方法	知识技能	成果质量	分值
	小组评价 （30分）	任务承担	时间观念	团队合作	知识技能	成果质量	分值
	教师评价 （40分）	任务承担	时间观念	团队合作	知识技能	成果质量	分值

知识与技能

一、认识NE555集成器件

NE555又称为集成时基电路，是楼道触摸延时开关的核心元件，其与阻容元件配合可实现延时功能。其外形图如图5-1所示。

图 5-1　NE555 集成器件

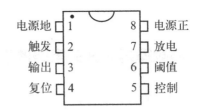

图 5-2　NE555 引脚示意图

NE555主要由两个比较器组成，具有8个引脚，分别是：1—地（GND），2—触发，3—输出，4—复位，5—控制电压，6—门限(阈值)，7—放电，8—电源电压VCC。其引脚示意图如图5-2所示。

二、认识单稳态触发器电路

单稳态触发器电路如图5-3所示。其中R、C为定时元件，R1、C1为输入回路的微分环节。

此电路在触发器信号未到来时，总是处于一种稳定状态。在外来触发信号的作用下，它能翻转成新的状态。但这种状态是不稳定的，只能维持一定时间，因而称为暂稳态（简称暂态）。

暂态时间结束后，电路能自动回到原来状态，从而输出一个矩形脉冲，由于这种电路只有一种稳定状态，因而称为"单稳态触发器"或"单稳"。单稳电路的暂态时间的长短t_w与外界差发脉冲无关，仅由电路本身的耦合元件R、C决定，因此称R、C为单稳电路的定时元件。$t_w = RC\ln3 \approx 1.1RC$，其中，R为电阻R的阻值，C为电容C的电容量。由此可见，t_w与R、C的大小有关。

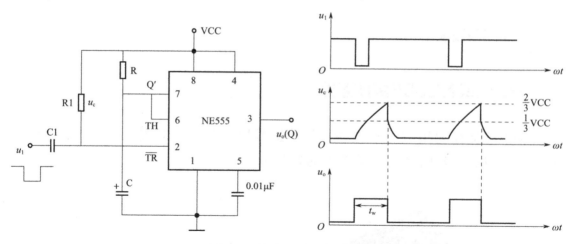

图 5-3　单稳态触发器电路

三、楼道触摸延时开关电路的设计

可参照图 5-4 所示楼道触摸延时开关电路原理图，在 Proteus 软件中设计楼道触摸延时开关仿真电路原理图，如图 5-5 所示。其具体设计步骤为：

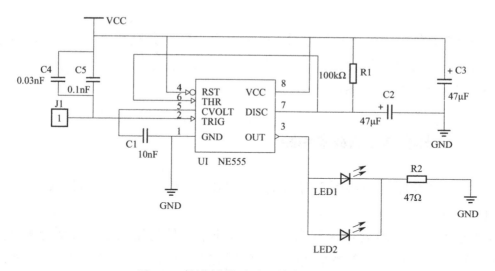

图 5-4　楼道触摸延时开关电路原理图

1. 创建新的电路文件

进入 Proteus ISIS 编辑环境，执行 "File/New design" 命令，将新建文件选择合适路径进行保存。

2. 设置工作环境

打开 Template 菜单，对工作环境进行设置。

3. 拾取元器件

利用搜索功能进行查找,选择"Library→Pick Device/Symbol"菜单项进行添加。其中添加元器件的方法有两种:①在关键字区域键入要添加的元器件名称;②在元器件类列表中选择元器件所属类,然后在子类列表中选择所属子类。

4. 元器件放置与调整

在对象选择器中选中元器件,单击鼠标左键进行放置。

5. 元器件编辑

放置后,单击相应元器件,即可打开编辑对话框。

6. 导线连接

自动检测进行连线,只需鼠标左键单击两个连接点即可。

7. 电气规则检查

执行"Tools→Electrical Rule Check"命令。

8. 保存及输出报表

利用"Tools→Bill of Materials"输出BOM文档。

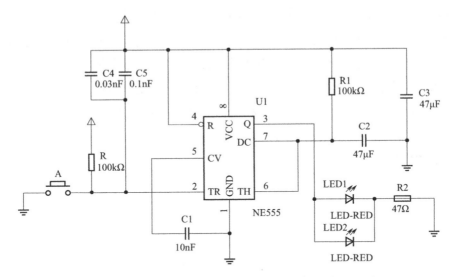

图 5-5　楼道触摸延时开关 Proteus 仿真电路原理图

四、仿真分析楼道触摸延时开关电路

1. 电路仿真

将前面绘制的楼道触摸延时开关Proteus仿真电路原理图通过仿真"运行"

按钮进行仿真。此电路利用上拉电阻及按键来代替触摸片的作用，观察电路工作现象：

（1）手未触摸触摸片时，即按键A处于初始断开状态，相当于给J1处提供高电平，观察LED1、LED2的亮灭情况；

（2）手触摸触摸片后，即按下按键A，相当于给J1处提供低电平，再次观察LED1、LED2的亮灭情况；

（3）手离开触摸片，即松开按键A后，观察灯点亮时间的长短；

（4）改变R1或C2的大小，观察LED1、LED2灯点亮的时间长短是否发生变化。

2. 楼道触摸延时开关原理

NE555的特点是只要将4引脚接高电平，其2、6引脚电平会决定3引脚的输出电平。初始状态中，3引脚输出低电平，此时7引脚处于放电状态（相当于接地），因此6引脚为低电平。接通电源时，电容C4、C5上端出现大量正电荷，下端也要有等量负电荷与它平衡，于是触摸片以及NE555的2引脚会因失去负电荷而呈现高电平。此时若用手接触一下触摸片，由于人体和大地接触（相当于0电位），NE555的2引脚变为低电平，此时2、6引脚都是低电平，导致NE555的3引脚翻转，输出高电平，两个发光管LED1、LED2被点亮。手离开触摸片，2引脚会再次逐渐变为高电平，并且此时7引脚由放电状态变为截止状态，电源通过R1对C2充电，6引脚电位会逐渐升高，最终2、6引脚都变为高电平，3引脚在此翻转为低电平，两个发光二极管LED1、LED2熄灭。可见灯亮的时间取决于R1、C2的大小，增大R1或C2都会导致灯亮的时间变长。

 问题思考

楼道触摸延时开关是如何工作的？叙述其延时原理。

任务二　楼道触摸延时开关PCB板的设计与制作

任务目标

知识目标	1. 掌握利用Proteus软件设计PCB板的方法。 2. 掌握利用雕刻机制作PCB板的方法。
能力目标	1. 能够利用Proteus软件完成楼道触摸延时开关PCB板的设计。 2. 能够利用雕刻机完成楼道触摸延时开关PCB板的制作。
素养目标	1. 通过小组合作，逐步培养学生分工协作的意识。 2. 通过PCB板的制作，逐步培养学生安全使用设备的操作意识。
思政要素	通过了解Proteus软件开发公司及研发历史，认识到我国在部分科研领域尚落后于其他国家，使学生树立终身学习、科技兴邦的爱国理念。

学生任务单

任务名称	楼道触摸延时开关PCB板的设计与制作
学习小组	
小组成员	
任务评价	

续表

自学简述	通过浏览资源、查阅资料，从以下几部分进行简述： 1. Proteus 软件除了能进行电路原理图设计与仿真外，是否还具有 PCB 设计的功能？该如何操作？ 2. 你对 Protomat 刻板机制作 PCB 板有何了解？其基本操作流程是什么？			
任务分析	制定任务 实施步骤	根据任务目标、课前及课上提供的教学资源，在教师指导下制定任务实施步骤。 1. 结合前面利用 Altium Designer 软件设计 PCB 板的经验，分析制定出利用 Proteus 软件设计 PCB 板的步骤。 2. 通过熟悉 ProtoMat 刻板机的使用，制定楼道触摸延时开关 PCB 板的制作步骤。		
	小组成员 任务分工		任务分工	完成人
任务实施	按完成 步骤记录	第　步		
		第　步		
		第　步		
		第　步		
		第　步		
		第　步		
		第　步		
	重点记录 （知识、技能、 规范、方法及 工具等）			

续表

任务实施	难点记录	
课后反思	出现问题及解决方案	
	课后学习	

任务评价	自我评价（30分）	课前学习	时间观念	实施方法	知识技能	成果质量	分值
	小组评价（30分）	任务承担	时间观念	团队合作	知识技能	成果质量	分值
	教师评价（40分）	任务承担	时间观念	团队合作	知识技能	成果质量	分值

知识与技能

一、楼道触摸延时开关PCB板的设计

可参照图5-6及图5-7所示楼道触摸延时开关PCB板图进行设计。

1. 原理图后处理

Proteus PCB设计是在Proteus ARES软件中完成，在进行设计前须对电路原理图进行处理，如：电源与外界仪表需要引入连接器。

2. 创建元器件封装符号

利用"Tools→Netlist to ARES"进入PCB设计界面，按照摆放焊盘→分配引脚编号→添加元器件丝印外框→保存封装型号进行操作。

3. 设定层面

在ISIS窗口选择"Tools→Netlist to ARES"进入PCB设计界面，选择"System→Set Layer Usage"项进行设置。

4. 布局

（1）自动布局　在ARES左侧工具箱选择■，在窗口左下角下拉列表框选择"ard Edge"，在适当位置画一个矩形；选择"Tools→Auto Place"项，弹出"Auto Place"对话框进行设置。

（2）手工布局　先要摆放连接器，然后摆放集成电路，最后摆放分立元件。

5. 设置约束规则

选择"System→Set Strategies"项，弹出"Edit Strategies"对话框进行设置。

6. 调整文字面

右击元器件，单击元器件序号，弹出"Edit Part Id"对话框，可以修改元器件序号、所属层面、旋转角度、高度和宽度。

7. 布线

（1）手工布线　选择"View→Layers"项，弹出"Displayed Layers"对话框进行设置。

（2）自动布线　选择"Tools→Auto Router"项，弹出"Auto Router"对话框进行设置。

8. 自动修线

可进行线路整理，选择"Tools→Auto Router"项，弹出"Auto Router"对话框进行设置。

9. 规则检查

（1）CRC检查　选择"Tools→Connectivity Checker"项，进行连接性检查。

（2）DRC检查　选择"Tools→Design Rule Checker"项，进行设计规则检查。

10. 铺铜

选择"Tools→Power Plane Generator"项，弹出"Power Plane Generator"对话框进行设置。

11. 输出CADCAM

选择"Output→CADCAM Output"项，弹出"CADCAM"对话框进行设置。

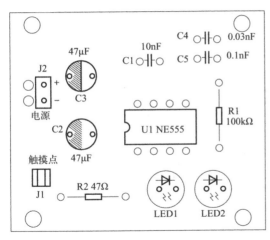

图 5-6　楼道触摸延时开关 PCB 板图正面

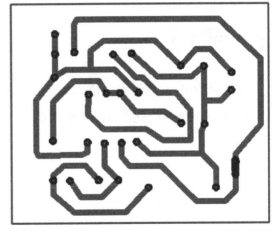

图 5-7　楼道触摸延时开关 PCB 板图反面

二、楼道触摸延时开关PCB板的制作

1. 数据处理

利用CircuitCAM软件读取数据，生成加工路径，驱动刻制机加工。

2. 钻孔及孔金属化

利用ProtoMat刻板机给电路板钻孔，利用Contac或LPS进行孔金属化。

3. 利用ProtoMat刻板机在导电图形周围加工绝缘沟道

4. 利用ProtoMat刻板机透铣加工电路板外形

其具体制作流程为：裁板→钻孔→电镀→雕刻→阻焊→字符→板面处理→检修→成品。

（1）裁板　将覆铜板通过精密裁板机裁成所需尺寸，一般比所需要尺寸多出来1cm边框。

（2）钻孔　根据软件提示，将PCB板上所有的孔通过雕刻机钻出所需的孔。

（3）电镀（孔金属化）　用过孔电镀系统对PCB板上的孔进行金属化处理。

（4）雕刻　用ProtoMat刻板机对覆铜板进行雕刻，雕刻出所需的线路。

（5）阻焊　用曝光机对雕刻好的PCB板进行曝光，将曝光好的PCB板进行绿油阻焊。

（6）字符　用丝印机对做好阻焊的PCB板进行字符的丝印。

（7）板面处理　将做好的线路板进行表面处理，便于焊接。

（8）检修　通过视频检测仪处理表面细微金属碎屑，以便于达到最佳效果。

? 问题思考

1. 利用Proteus软件设计PCB板的基本步骤有哪些?
2. ProtoMat刻板机制作PCB板时的步骤及安全注意事项是什么?

任务三 楼道触摸延时开关的组装与调试

任务目标

知识目标	1. 掌握楼道触摸延时开关焊接与装配的步骤及方法。 2. 掌握楼道触摸延时开关功能调试的方法。
能力目标	1. 能够利用焊接工具完成楼道触摸延时开关的焊接及装配。 2. 能够排除故障,完成楼道触摸延时开关功能调试。
素养目标	通过小组合作,逐步培养学生分工协作的意识。
思政要素	通过楼道触摸延时开关的装配,使学生养成良好的操作规范意识,掌握6S管理的理念,立志成为大国工匠。

学生任务单

	任务名称	楼道触摸延时开关的组装与调试
	学习小组	
	小组成员	
	任务评价	

自学简述	通过浏览资源、查阅资料,从以下几部分进行简述: 楼道触摸延时开关的元件如何检测?应遵循何种焊接顺序?分析楼道触摸延时开关可能发生的故障及故障原因。

项目五 楼道触摸延时开关的制作

续表

任务分析	制定任务实施步骤	根据任务目标，通过浏览资源、查阅资料，在教师引导下制定任务实施步骤。 1. 分析探讨，制定楼道触摸延时开关的组装步骤。 2. 分析探讨，制定楼道触摸延时开关功能调试的步骤。		
	小组成员任务分工	任务分工		完成人
任务实施	按完成步骤记录	第 步		
		第 步		
		第 步		
		第 步		
		第 步		
		第 步		
		第 步		

续表

任务实施	重点记录（知识、技能、规范、方法及工具等）						
	难点记录						
课后反思	出现问题及解决方案						
	课后学习						
任务评价	自我评价（30分）	课前学习	时间观念	实施方法	知识技能	成果质量	分值
	小组评价（30分）	任务承担	时间观念	团队合作	知识技能	成果质量	分值
	教师评价（40分）	任务承担	时间观念	团队合作	知识技能	成果质量	分值

知识与技能

一、楼道触摸延时开关元器件的选择及检测

元器件名称、型号规格、数量见表5-1。可借助万用表对电子元器件进行检测，只有元器件的性能良好才能保证电路工作正常。

表5-1 元器件明细表

序号	标号	名称	型号规格	数量
1	R1	电阻	100kΩ	1
2	R2	电阻	47Ω	1
3	C1	瓷片电容	10nF	1
4	C2、C3	电解电容	47μF	2
5	C4	瓷片电容	0.03nF	1
6	C5	瓷片电容	0.1nF	1
7	LED1、LED2	发光二极管	5mm	2
8	J1	触摸片	2.2mm	1
9	J2	排针	2P	1
10	U1	集成块	NE555	1

二、元器件的安装与焊接

按图5-8所示元器件装配图正确安装并焊接元器件。

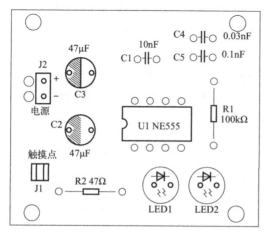

图5-8 元器件装配图

三、电路功能调试与故障检修

通电以后，需要30s左右，电路各元件初始化后方能进入工作状态，电路实现功能。电路中C4、C5是并联的，其等效容量 $C = C_4 + C_5$，其中，C_4、C_5 是电容C4、C5的容量。设置两个电容的目的是调整触摸灵敏度，这个电容越小越敏感，若感觉不够敏感，可以取下C4，只保留C5，若还不够敏感则只保留C4。有时环境比较干燥，而由于衣服摩擦等原因，手指带有大量正电荷，这时候即使接触到触摸片，NE555的2引脚依旧不会触发，可先摸一下自来水管等接地良好的装置，人体放电以后，再进行测试。

? 问题思考

楼道触摸延时开关的常见故障有哪些？应如何排查？

项目六
红外计数器的制作

项目描述

在日常生活中会有许多人流量较大、环境复杂的场所，为了方便考勤或者是有效避免闲杂人员的干扰，需要对进出人数进行有效统计和管理。在这种场所下人工进行人数的统计是一件相对困难的事情。以51单片机为控制核心的红外计数器可实时对人数进行统计与管理，其核心器件是红外光电传感器和单片机，配合其他模块电路即可实现对某个场所进出人数的统计，通过与其他设备联动控制并在人数超出一定的管理范围时，通过报警装置进行提醒。

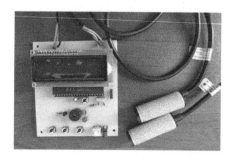

项目目标

1. 理解实时人数监测系统的基本组成，能够叙述其工作过程。
2. 了解红外光电传感器和51单片机的基本结构和原理。
3. 掌握红外光电传感器、12MHz晶振、LCD1602液晶显示屏、51单片机的焊接和质量检测方法。
4. 掌握二进制、8421BCD与十进制进行转换的方法。

任务一　红外计数器实时人数监测系统的设计

任务目标

知识目标	1. 掌握红外计数器实时人数监测系统的基本组成。 2. 理解红外计数器实时人数监测系统的工作过程。 3. 了解51单片机的引脚和功能。
能力目标	能够完成实时人数监测系统的设计。
素养目标	1. 通过小组分工合作，体会到部分与整体的关系，培养学生团结协作的精神。 2. 在51单片机的学习过程中克服畏难情绪，努力学习新知。
思政要素	学生应提高自我安全防范意识，应具备严格遵守社会各项制度的意识。

学生任务单

	任务名称	红外计数器实时人数监测系统的设计
	学习小组	
	小组成员	
	任务评价	
自学简述	通过课前自学，从以下几部分进行简述： 1. 红外计数器有哪些功能及应用场合？电路一般由哪几部分构成？ 2. 51单片机有哪些应用场合？有哪些功能？	

续表

任务分析	制定任务实施步骤	根据任务目标,通过浏览资源、查阅资料,在教师引导下分析红外计数器的硬件组成,绘制出电路原理图(或者画出大致系统框图)。	
	小组成员任务分工	任务分工	完成人
任务实施	按完成步骤记录	第 步	
		第 步	
		第 步	
		第 步	
		第 步	
		第 步	
		第 步	

续表

任务实施	重点记录 （知识、技能、 规范、方法及 工具等）						
	难点记录						
课后反思	出现问题及解 决方案						
	课后学习						
任务评价	自我评价 （30分）	课前学习	时间观念	实施方法	知识技能	成果质量	分值
	小组评价 （30分）	任务承担	时间观念	团队合作	知识技能	成果质量	分值
	教师评价 （40分）	任务承担	时间观念	团队合作	知识技能	成果质量	分值

知识与技能

一、51单片机的认识

1. 51单片机的组成

STC89C51是一款8051系列的8位单片机,也称为8051微控制器。它是基于Intel原MCS-51的一个改良型,具有低功耗、低成本、高速度、高可靠性的特点。STC89C51由于其强大的功能、简单的接口和易于开发的特性,广泛应用于各种嵌入式系统设计中,如工业控制、家用电器、机器人和自动化设备等。具体组成部分有:

(1)处理器核心与存储器　STC89C51内部集成了一个8位的8051处理器核心,工作频率通常可达40MHz。它有1KB的内部RAM作为数据存储器。对于程序存储器,根据具体型号,它有4KB、8KB或16KB的闪存(Flash)。该闪存可进行电擦写,方便用户更新程序。

(2)I/O端口　STC89C51有4个8位的I/O端口(P0、P1、P2、P3),共32个I/O引脚。这些引脚可被编程为输入或输出,以控制或接收其他设备的信息。

(3)定时器与计数器　STC89C51配备了两个16位的定时器/计数器(T0、T1)。这些定时器可以用于精确控制时间,例如产生延时、定时操作或者测量信号的周期。它们也可以配置为计数器模式,以对外部信号的脉冲进行计数。

(4)串行通信　STC89C51内建了一个全双工的UART(通用异步收发器),支持串行数据的接收和发送。这个功能常用于与其他设备(如PC、其他单片机或模块等)进行数据通信。

(5)中断系统　STC89C51提供了一个强大的中断系统,包括两个外部中断源(INT0、INT1)、两个定时/计数器中断源(TF0、TF1)和一个串行口中断源(RI、TI)。这些中断使得单片机能更灵活地响应外部或内部事件。

(6)电源　STC89C51可以在3.3V或5V电源下工作,适应不同的硬件环境。

2. 51单片机的应用

由于其强大的功能和低成本,51单片机在很多领域都有应用,只要是需要微控制的地方,都可能看到51单片机的身影。以下是它在电子技术和微电脑中的应用:

(1)家用电器　许多家用电器(如洗衣机、微波炉、电风扇等)中都广泛使用了51单片机。

(2)嵌入式系统　51单片机在嵌入式系统中的应用也非常广泛,如汽车电子系统、工业自动化设备、机器人等。

（3）消费电子产品　例如手机、电视遥控器、音乐播放器等都可能使用51单片机。

（4）医疗设备　如心电图机、血压计等。

（5）计算机外设　如打印机、扫描仪、键盘和鼠标等。

3. 51单片机的作用

（1）控制　51单片机最主要的功能是控制，它可以用于控制各种设备的运行状态，例如在家用电器中，它可以控制电器的开关、运行模式等。

（2）处理数据　51单片机可以接收和处理各种数据，例如在医疗设备中，它可以接收传感器的信号，并处理这些信号，然后输出到显示设备。

（3）通信　51单片机还可以与其他设备进行通信，例如在计算机外设中，它可以与计算机进行通信，接收计算机的指令，并控制外设的运行。

（4）节省成本　51单片机集成度高、体积小，可节省物理空间。同时，其成本较低，可降低整体设备的成本。

4. 51单片机的主要特性

兼容MCS51指令系统，8KB可反复擦写（>1000次）Flash ROM，32个双向I/O口，256×8bit内部RAM，3个16位可编程定时/计数器中断，时钟频率0～24MHz，2个串行中断，可编程UART串行通道，2个外部中断源，共8个中断源，2个读写中断口线，3级加密位，低功耗空闲和掉电模式，软件设置睡眠和唤醒功能。STC89C51单片机的引脚如图6-1所示。其中，各引脚的功能为：

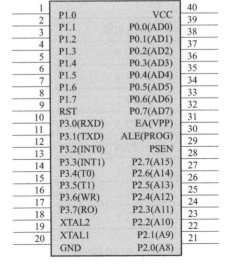

图6-1　STC89C51单片机引脚图

（1）主电源引脚　VCC（40脚）接+5V电源正极；GND（20脚）接+5V电源负极。

（2）外接晶体或外部振荡器引脚　XTAL1（19脚）和XTAL2（18脚）用于连接外部晶振，为单片机提供稳定的时钟信号。在51单片机中，这两个引脚通过外部晶振和两个负载电容构成振荡电路，生成单片机工作所需的时钟信号。具体来说，XTAL1（19脚）是外部晶振的输入脚，而XTAL2（18脚）是输出脚。当使用外部晶振作为时钟源时，晶振连接在XTAL1和XTAL2之间，并且通常在这两个引脚与晶振之间各连接一个小电容（通常是30pF左右）到地，以稳定振荡频率。

（3）控制信号线　RST（9脚）为复位信号输入端，在开机时给单片机复位。如需手动复位则需要外接输入。ALE（30脚）为地址锁存允许端。PSEN（29脚）为外部程序存储器读选通信号，低电平有效。EA（31脚）为访问内部或外部程序存储器的选择信号。

（4）多功能I/O口引脚　4个双向I/O口（P0、P1、P2、P3）。

① P0口（32～39脚）：8位漏极开路的I/O口（三态）。可作为输入/输出口，可驱动8个TTL逻辑电平。当P0口写入高电平时，引脚可用作高阻抗输入端。当写入低电平时，引脚作为低8位地址/数据复用，此时P0口具有内部上拉电阻。

② P1口（1～8脚）：被单片机写入"1"后，可作为输入线使用，而每一位都可以通过编程控制其功能。

③ P2口（21～28脚）：同样可以作为输入/输出口使用，但通常情况下需要与P0口的低8位组成16位地址总线，用于对外部存储器的接口电路进行寻址。

④ P3口（10～17脚）：双功能口，对P3口写入高电平时，由于上拉电阻的作用，其作为输入口。作为第二功能使用时，其功能各引脚如表6-1所示。

表6-1　P3口第二用途

端口引脚	第二功能	注释
P3.0	RXD	串行口数据接收端
P3.1	TXD	串行口数据发送端
P3.2	INT0	外中断请求0
P3.3	INT1	外中断请求1
P3.4	T0	定时/计数器0外部计数信号输入
P3.5	T1	定时/计数器1外部计数信号输入
P3.6	WR	外部RAM写选通信号输出
P3.7	RO	外部RAM读选通信号输出

5. 最小系统电路

单片机STC89C51的最小系统主要是由复位系统、晶振电路、电源电路以及外围连接电路组成的。复位系统主要由10μF的电解电容C1并联按钮开关K1，并与10kΩ的电阻串联后连接单片机STC89C51的第9引脚RST组成。复位系统在单片机STC89C51的工作系统中所起的作用是：当电路出现故障或者程序出现读取错误时，又或者系统出现死机时，可以通过启动复位系统来解决所发生的故障，之后重新运行程序。晶振电路用X1并联两个电容组成，晶振两个引脚分别接在单片机STC89C51的18、19引脚上。晶振电路在STC89C51的工作系统中的主要作用是：使单片机快速工作在合适的工作频率下。在一些没有严格要求的电路系统中也可以将12MHz的晶振替换成24MHz的晶振。电源电路主要通过+5V电源供电，其作用是保证工作系统正常工作。外围连接电路是指在P0口处连接电阻排R1。因为P0口需要对液晶显示器进行数据传输，数据传输会产生高电平，而高电平则源于上拉电阻的存在，所以电阻排R1在此处的作用不仅仅是起到保护电路的作用，也起到了保证数据传输正常的作用。单片机STC89C51的31引脚接入的高低电平决定了STC89C51单片机复位系统启动后读取程序的选择。单片机最小系统如图6-2所示。

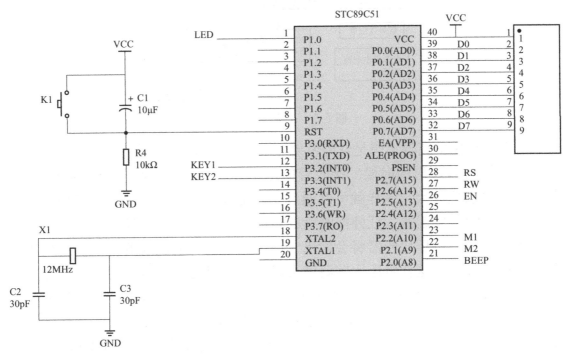

图6-2　单片机最小系统

二、红外计数器实时人数监测系统的设计

1. 认识红外传感器

E18-D80NK红外检测传感器是一种集发射与接收为一体的传感器，如图6-3所示。

E18-D80NK通过三条引线与单片机连接，分别用作供电端和数据传输端，当检测到对象经过时会给单片机传输一个"0"，而在未检测到对象时则会传输"1"。单片机只需判断该数据引脚的电平高低，即可知道当前是否扫描到对象，如图6-4所示。

图 6-3　E18-D80NK 红外检测传感器　　图 6-4　E18-D80NK 原理图

2. 红外计数器实时人数监测系统硬件设计

（1）系统总体框图和原理　系统总体框图如图 6-5 所示。

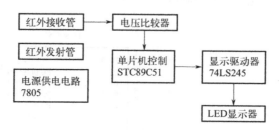

图 6-5　系统总体框图

原理：电路的指导思想是红外发射管发射红外线，红外接收管接收红外线，并且当有红外线照射的时候，接收管的电阻比较小，当无红外线照射的时候，接收管的电阻比较大，这样就可以通过一个电压比较器和一个基准电压进行对比。当有光照射的时候，红外接收管的电阻比较小，那么和其串联的电压分压就会增大，所以电压比较器将会输出一高电平；当无光照射的时候，红外接收管的电阻比较大，这样电压比较器就会输出一个低电平。这个便是外部计数电平信号，这个电平信号送入 STC89C51 单片机进行计数控制，再经过扩展、显示驱动完成最后的显示过程。具体原理图见图 6-6。

（2）电源供电电路的设计　如图 6-7 所示，电源供电部分采用 USB 接口 5V 供电。

（3）时钟电路、复位电路设计　51 单片机的最小系统由单片机、晶振电路、复位电路和 P0 的上拉电阻组成。

① 时钟电路：如图 6-8 所示，时钟电路是由电容 C2、C3 和 12MHz 的晶振组成的，接在单片机的第 18 和 19 脚（即 XTAL1 和 XTAL2 端）。因其采用的是振荡频率为 12MHz 的晶振，所以其软件的一个机器周期为 1μs。

② 复位电路：如图 6-9 所示，C1 和 R3 构成了复位电路。刚开始上电时，C1 瞬间相当于短路，C1 两端保持 0V 电压，VCC 的电源电压就都加在了 R3 上，因此在单片机 9 脚 RST 上变成了高电平。此后 C1 上逐渐充电，即在 C1 上出现电压，R3 上的电压开始下降，最后单片机 9 脚 RST 上变成了低电平。在此过程中，只要满足单片机 9 脚 RST 上的高电平持续 24 个振荡周期即可使单片机复位。

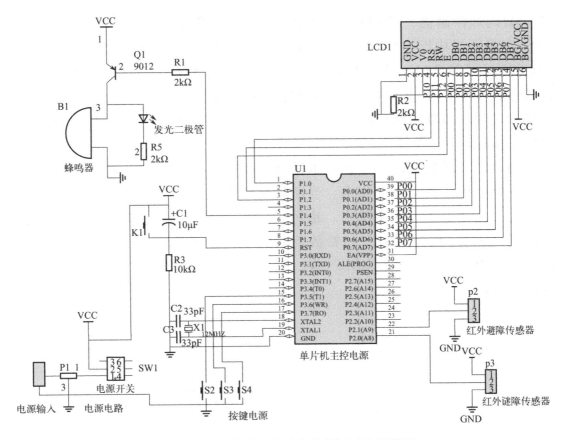

图 6-6　红外计数器实时人数监测系统原理图

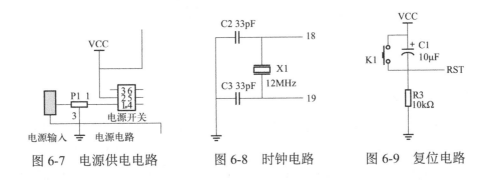

图 6-7　电源供电电路　　　图 6-8　时钟电路　　　图 6-9　复位电路

（4）红外线检测电路设计　如图6-10所示。

（5）计数显示部分　由单片机STC89C51控制完成。当红外检测部分检测到有产品经过时，红外接收电路LM567芯片的8输出口将产生一个低电平信号，这个信号将供给单片机进行计数控制。显示部分是8位LCD数码显示管。计数控制部分是将计数脉冲（负脉冲有效）送入单片机STC89C51两个中断入口的INT0入口，经过单片机内部对这个中断信号进行计数编程构成的。STC89C51与MCS-51指令系统完全兼容。提供以下标准功能：4KB

FLASH闪烁存储器、128B内部RAM、32个I/O口线、2个16位定时/计数器、1个5向量两级中断、1个全双工串行通信口、片内振荡器及时钟电路。同时STC89C51可降至0Hz静态逻辑操作，并支持两个软件的节电工作模式。空闲方式停止CPU的工作，但是允许RAM、定时/计数器、串行通信口及中断系统继续工作。掉电后保存RAM中的内容，但振荡器停止工作并禁止其他所有部件工作直到下一个硬件。

（6）蜂鸣器报警电路设计　本设计采用软件处理报警，利用有源蜂鸣器进行报警输出，采用直流供电。当所测温度超过或低于所预设的温度时，数据口相应拉高电平，报警输出。也可采用发光二极管报警电路，如果需要报警，则只需将相应位置1，当参数判断完毕后，再看报警模型单元ALARM的内容是否与预设一样，如不一样，则发光报警。蜂鸣器报警电路硬件连接如图6-11所示。

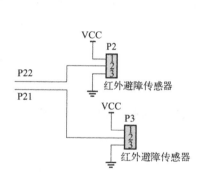

图 6-10　红外线检测电路

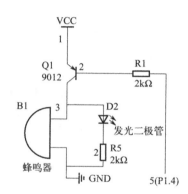

图 6-11　蜂鸣器报警电路

3. 软件工作流程

（1）主程序流程　首先对LCD1602显示器和预设报警值进行初始化，然后根据传感器接收到的数据进行变化。如果用传感器1检测进入的人数，当检测到人时，计数器加一并且刷新人数显示，同时判断人数是否超过预设报警值。然后用传感器2来检测出去的人数，当检测到时，计数器减1并且刷新人数显示。若未检测到人，则不发生改变。检测过程中可以通过按键改变预设报警值。当检测完毕后，重新返回到传感器检测数据。软件流程图如图6-12所示。

（2）液晶显示工作流程　液晶显示系统得到显示指令后，就会刷新显示屏的行列坐标，也仅会在第一个数据输入前对行列坐标进行定位。当输出数据时，每一次输出一位字符，然后检测数据是否全部输出。如果未完全输出则会继续输出，直至该数据被完全输出。液晶显示工作流程图如图6-13所示。

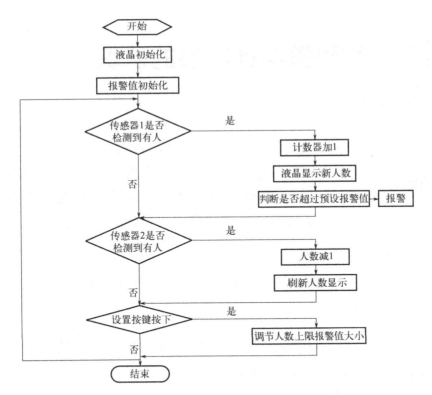

图 6-12 主程序流程图

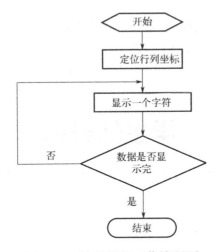

图 6-13 液晶显示工作流程图

问题思考

1. 红外计数器由几部分构成？其功能分别是什么？
2. 简述红外计数器的工作原理。

项目六 红外计数器的制作

任务二　数码管与计数器的认识

任务目标

知识目标	1. 理解数制、基数及位权的概念。 2. 掌握二进制、十进制、十六进制的表示方法。 3. 掌握二进制、8421BCD码与十进制进行转换的方法。 4. 了解数码管与计数器的观念及用法。
能力目标	1. 能正确将十进制数0～9用8421BCD码表示。 2. 能正确将数码管显示的十进制数字用一串二进制编码表示。
素养目标	1. 通过数制转换的学习，培养学生的计算机科学修养，同时使学生养成认真的学习态度、严谨细致的学习习惯。 2. 通过数制转换的学习，培养学生的逻辑运算能力。
思政要素	1. 注重理论知识与实际生活的结合。 2. 引入规则意识。

学生任务单

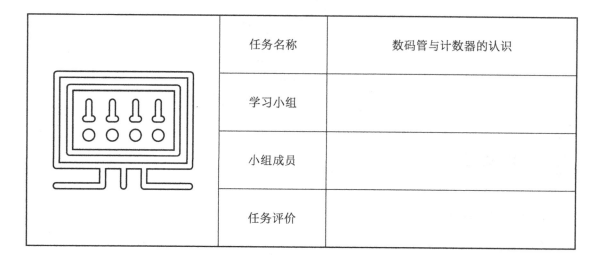

任务名称	数码管与计数器的认识
学习小组	
小组成员	
任务评价	

续表

自学简述	通过课前自学，从以下几部分进行简述： 1. 什么是数码管？与液晶屏的区别是什么？ 2. 什么是二进制？什么是十进制？分别用在什么场合？			
任务分析	制定任务 实施步骤	根据任务目标，通过浏览资源、查阅资料，在教师引导下写出二进制和十进制转换、十进制与8421BCD码转换的方法。		
	小组成员 任务分工	任务分工		完成人
任务实施	按完成 步骤记录	第　步		
		第　步		
		第　步		
		第　步		
		第　步		
		第　步		
		第　步		
	重点记录 （知识、技能、 规范、方法及 工具等）			

项目六　红外计数器的制作

续表

任务实施	难点记录	
课后反思	出现问题及解决方案	
	课后学习	

任务评价	自我评价（30分）	课前学习	时间观念	实施方法	知识技能	成果质量	分值
	小组评价（30分）	任务承担	时间观念	团队合作	知识技能	成果质量	分值
	教师评价（40分）	任务承担	时间观念	团队合作	知识技能	成果质量	分值

知识与技能

一、数制、基数及位权的概念

1. 数制

数制（number system）是一种表示和计算数值的方式，它由一组数字和规则组成。常见的数制包括十进制、二进制、八进制和十六进制等。

（1）十进制（decimal system） 十进制是最常用的数制，使用10个数字（0～9）来表示数值。它是基于人类的十指计数系统而来的，每个数字的位权是10的幂次方。例如，数字123表示1个百、2个十和3个一，其计算方式为 $1×10^2+2×10^1+3×10^0=100+20+3=123$。

（2）二进制（binary system） 二进制是计算机中最基础的数制，使用两个数字（0和1）来表示数值。它是基于电子开关的开和关状态而来的，每个数字的位权是2的幂次方。例如，数字101表示1个四、0个二和1个一，其计算方式为 $1×2^2+0×2^1+1×2^0=4+0+1=5$。

（3）八进制（octal system） 八进制使用8个数字（0～7）来表示数值。它在计算机领域中用得较少，但在Unix系统权限设置等方面有所应用。每个数字的位权是8的幂次方。例如，数字127表示1个六十四、2个八和7个一，其计算方式为 $1×8^2+2×8^1+7×8^0=64+16+7=87$。

（4）十六进制（hexadecimal system） 十六进制使用16个数字（0～9和A～F）来表示数值。它在计算机领域中广泛应用，特别是在表示内存地址和颜色值等方面。每个数字的位权是16的幂次方。例如，数字1A3表示1个二百五十六、10个十六和3个一，其计算方式为 $1×16^2+10×16^1+3×16^0=256+160+3=419$。

2. 基数

基数（cardinal number）是数制中使用的数字的个数。例如，十进制数制使用10个数字（0～9），二进制数制使用2个数字（0和1），八进制数制使用8个数字（0～7），十六进制数制使用16个数字（0～9和A～F）。

3. 位权

位权（positional value）是指数字在数中的位置所代表的权值。在十进制数制中，每个数字的位权是10的幂次方，从右到左依次增加。例如，123的位权分别是1、10和100。在二进制数制中，每个数字的位权是2的幂次方，从右到左依次增加。例如，101的位权分别是1、2和4。位权的概念使得数制能够表示和计算更大范围的数值。通过改变基数和位权，可以灵活地表示不同进制的数值，并进行相应的运算。不同数制的转换和运算规则也会根据基数和位权的不同而有所差异。

二、数制转换

1. 二进制与十进制的转换

（1）二进制转换为十进制　将二进制数从右到左，即从低位到高位，依次乘以2的幂次方，幂次方从0开始递增。将每个乘积相加，得到最终的十进制数。举例：将二进制数1011转换为十进制数。$1×2^3+0×2^2+1×2^1+1×2^0=8+0+2+1=11$，因此，二进制数1011转换为十进制数为11。

（2）十进制转换为二进制　将十进制数除以2，得到商和余数。将余数从下往上排列，得到二进制数。举例：将十进制数25转换为二进制数。25÷2=12余1，12÷2=6余0，6÷2=3余0，3÷2=1余1，1÷2=0余1，将余数从下往上排列，得到二进制数11001，因此，十进制数25转换为二进制数为11001。

2. 8421BCD码的转换

在数码显示中，8421BCD码一般会转换成七段显示码。七段显示码是一种用于七段显示器的编码方式。七段显示器是一种常见的电子显示设备，由七个发光二极管（LED）或液晶（LCD）段组成，可以显示0～9的十个数字和一些特殊字符。

每个数字或字符在七段显示器上的显示方式由七段显示码决定。例如，数字0在七段显示器上显示时，需要点亮所有的段，除了中间的段，所以它的七段显示码是1111110。因此，当需要在七段显示器上显示一个数字时，就需要将这个数字的8421BCD码转换成对应的七段显示码。例如，数字2的8421BCD码是0010，它对应的七段显示码是0110111。

三、认识数码管

数码管是一种常见的电子显示设备，主要包括LED数码管和液晶显示数码管两种类型。LED数码管由七个或八个发光二极管排列成特定形状，通常是"8"字形，通过控制哪个二极管亮起，可以显示出0～9的数字或者一些简单的字母，而液晶显示数码管则通过改变液晶的取向来改变透光性，从而显示数字或符号。数码管广泛应用于各种设备中，如电子表、微波炉、电子时钟、计算器等，其控制通常通过微处理器或微控制器来实现。

1. 数码管的分类

数码管按发光二极管单元连接方式可分为共阳极数码管和共阴极数码管。共阳极数码管是指将所有发光二极管的阳极接到一起形成公共阳极(COM)的数码管。共阳极数码管在应用时应将公共极COM接到+5V，当某一字段发光二极管的阴极为低电平时，相应字段就点亮，当某一字段的阴极为高电平时，相应字段就不亮。共阴极数码管是指将所有发光二极管的阴极接到一起形成公共阴极(COM)的数码管。共阴极数码管在应用时应将公共极COM接到地线GND上，当某一字段发光二极管的阳极为高电平时，相应字段就点亮，当某一字段的阳极为低电平时，相应字段就不亮。

2. 数码管的结构

LED数码管（LED segment display）是由多个发光二极管封装在一起组成"8"字形的器件，引线已在内部连接完成，只需引出它们的各个笔画、公共电极。LED数码管的常用段数一般为7段，有的另加一个小数点，还有一种是类似于3位"+1"型。位数有半位，1、2、3、4、5、6、8、10位等。LED数码管根据LED的接法不同分为共阴极和共阳极两类。了解LED的这些特性对编程是很重要的，因为不同类型的数码管，除了它们的硬件电路有差异外，编程方法也是不同的。图6-14是共阴极和共阳极数码管的内部电路，它们的发光原理是一样的，只是它们的电源极性不同而已。颜色有红、绿、蓝、黄等几种。LED数码管广泛用于仪表、时钟、车站、家电中。选用时要注意产品尺寸、颜色、功耗、亮度、波长等。

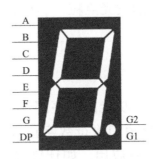

图6-14 共阴极和共阳极数码管的内部电路

3. 数码管的工作原理

LED数码管和LCD数码管是现代显示技术中的两种常见形式，它们各自依据不同的物理原理来实现信息的可视化展示。

（1）LED数码管 LED数码管主要由发光二极管(LED)组成，这些LED以特定的方式排列，通常是形成一个"8"字形状，以便显示数字和一些基本符号。它分为共阴极数码管和共阳极数码管。

① 共阴极数码管：所有LED的阴极（负极）连接在一起，形成共同的接地点。要点亮某个LED段，需要将其阳极（正极）接到高电平。

② 共阳极数码管：所有LED的阳极（正极）连接在一起，形成共同的电源点。要点亮某个LED段，需要将其阴极（负极）接到低电平。

（2）LCD数码管　液晶显示器（liquid crystal display，LCD）技术利用液晶材料的特性来控制光线的通过，从而显示信息。

液晶是一种特殊的物质，它的物理状态介于固态和液态之间。在没有电场作用时，液晶分子呈现一种自然排列状态。当施加电场后，这些分子的排列方式会发生改变。

LCD数码管通过改变液晶分子的排列来控制光线的通过。通常，LCD背后会有一个光源（背光）。当液晶分子排列改变时，它们会以不同的方式影响通过的光线，从而在显示面上形成数字或字符图案。这种显示技术不发光，所以通常需要背光或反射光来使显示内容可见。

总的来说，LED数码管通过控制LED的亮灭来显示信息，而LCD数码管则通过改变液晶分子的排列来控制光线的通过，实现信息的显示。两者各有优势和应用场景，LED数码管以其明亮和直观的显示而著称，而LCD数码管则以其低能耗和能够制作成大屏幕的性能而广受欢迎。

4. 液晶面板的工作原理

LCD是一种由两块玻璃板夹着一层透明塑料膜制成的液晶显示器件。此薄膜中间有许多细小的垂直排列的发光点粒，利用这些发亮颗粒来产生画面影像。

四、认识计数器

计数器是一个用以实现计数功能的时序部件，它不仅可以用来统计脉冲数，还常用于数字系统的定时、分频和执行数字运算，以及其他特定的逻辑功能。它在各种电子设备和系统中都有应用，如计算机、微处理器、数字时钟、频率计数器和系统定时器等。它们是数字逻辑设计和数字系统设计的基础部分。

1. 计数器的分类

（1）异步（串行）计数器　在异步计数器中，每个触发器的输出都直接驱动下一个触发器的时钟。由于每个触发器的时钟是由前一个触发器的输出驱动的，触发器的翻转不会同时发生，因此称为异步。异步计数器也被称为串行计数器。

（2）同步（并行）计数器　在同步计数器中，所有的触发器都由同一时钟信号驱动。这样，所有触发器都可以在同一时刻翻转。同步计数器也被称为并行计数器。

（3）UP计数器　这种类型的计数器设计为向上计数，即计数值从0开始，每次计数都增加。

（4）DOWN计数器　这种类型的计数器设计为向下计数，即计数值从一个预设值开始，每次计数都减少。

（5）UP/DOWN计数器　这种类型的计数器既可以向上计数，也可以向下计数，通常通过一个控制信号来切换。

（6）环形计数器　这种计数器在其输出位中循环一个二进制"1"。这种计数器通常用于产生特定序列的数字输出。

（7）约翰逊计数器　这种计数器也称为旋转计数器，它可以产生比环形计数器更多的不同输出状态。

2. 同步计数器

同步计数器的型号及功能可见表6-2。

表6-2　同步计数器的型号和功能

型号	功能	型号	功能
74LS161	4位十进制同步计数器（异步清除）	74LS190	4位十进制加/减同步计数器
74LS163	4位二进制同步计数器（异步清除）	74LS191	4位二进制加/减同步计数器
74LS160	4位十进制同步计数器（同步清除）	74LS192	4位十进制加/减同步计数器（双时钟）
74LS162	4位二进制同步计数器（同步清除）	74LS193	4位二进制加/减同步计数器（双时钟）

（1）74LS162　74LS162（图6-15）是一款4位同步可预置的二进制计数器，属于74系列逻辑集成电路的一部分。这款计数器采用了低功耗肖特基（low-power schottky, LS）技术，因而具有相对较低的功耗。74LS162的主要特性和功能如下：

① 主要特性。

同步计数：74LS162的计数操作是同步进行的，即计数器中的所有触发器几乎同时接收时钟信号，这有助于避免异步计数器中可能出现的传播延迟问题。

预置功能：该计数器允许用户通过一组并行输入（A、B、C、D,）将一个预置值加载到计数器中。当加载输入（LOAD）被激活时，计数器将会立即被设置为这个预置值。

二进制计数：作为一个二进制计数器，74LS162是用来进行二进制计数的，即从0计数到15（在4位计数器的情况下）。

可扩展性：通过溢出输出，可以将多个74LS162计数器级联以形成更高位数的计数器。

② 功能描述。

计数范围：作为一个4位计数器，74LS162可以从0计数到15（二进制为0000到1111）。

时钟输入：计数器通过时钟(CLK)输入接收时钟信号，每个上升沿（从低电平跳变到高电平）触发一次计数操作。

预置（加载）功能：当加载输入被拉低时，预置值会被同步加载到计数器中，覆盖当前计数值。

使能输入：通过两个使能输入（ENP和ENT），可以控制计数器的计数启停。这两个输入必须同时为高电平，计数器才会在时钟上升沿计数。

清零功能：通过将清零（CLR）输入拉低，可以立即将计数器的所有输出位清零。

③ 引脚说明。

CLR（引脚1）：并行加载控制。低电平激活。当此引脚为低电平时，通过A、B、C、D引脚输入的数据会被加载到计数器中，覆盖当前的计数值。

CLK（时钟脉冲，引脚2）：时钟输入端。计数器在此引脚接收到上升沿（从低电平跳变到高电平）时进行计数。

A、B、C、D（引脚3、4、5、6）：并行加载数据输入。这些引脚用于输入预设的计数值。当CLR引脚被激活时，通过这些引脚输入的值会被加载到计数器中。

ENP（漏电计数使能，引脚7）：与ENT引脚一同控制计数器的计数使能。当两者都为高电平时，允许计数。

GND（引脚8）：接地端。

LOAD（主复位，引脚9）：异步复位输入端。低电平激活。当此引脚为低电平时，计数器的计数值会立即被清零，不论时钟信号的状态。

ENT（并行计数使能，引脚10）：当此引脚和ENP同时为高电平时，计数器在时钟输入的每个上升沿计数。

QA、QB、QC、QD（引脚14、13、12、11）：计数器的输出引脚。表示当前的计数值。

RCO（溢出输出，引脚15）：当计数器从最大计数值溢出到0时，此引脚输出高电平。可以用来使能另一个计数器的计数，实现计数器的级联，也就是动态进位输出。

VCC（引脚16）：电源正极，通常连接到+5V电源。

（2）4位十进制加/减同步计数器74LS192 74LS192是同步十进制可逆计

数器，具有双时钟输入，并具有清除和置数等功能，其引脚排列如图6-16所示。图中，LOAD—置数端（低电平有效），UP—加计数时钟信号输入端，DOWN—减计数时钟信号输入端，CO—非同步进位输出端，BO—非同步借位输出端，QA、QB、QC、QD—数据输出端，A、B、C、D—计数器输入端，CLR—清除端。

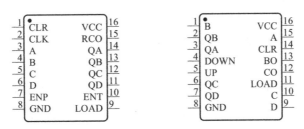

图 6-15　74LS162 引脚排列　　图 6-16　74LS192 引脚排列

（3）实现任意进制计数　如用74LS161构成七进制加法计数器。

解1：采用反馈归零法。利用74LS161的异步清零端$\overline{R}_D$，强行中止其计数趋势，返回到初始零态。如设初态为0，则在前6个计数脉冲作用下，计数器$Q_A Q_B Q_C Q_D$按4位二进制规律从0000～0110正常计数。当第7个计数脉冲到来后，计数器状态$Q_A Q_B Q_C Q_D=0111$，这时，通过与非门强行将$Q_A Q_B Q_C$的1引回到$\overline{R}_D$端，借助异步清零功能，使计数器回到0000状态，从而实现七进制计数。电路图如图6-17所示。

解2：采用反馈置数法。利用74LS161的同步置数端$\overline{LD}$，强行中止其计数趋势，返回到并行输入数DCBA状态，如图6-18所示。

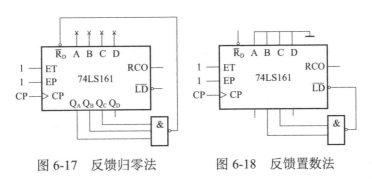

图 6-17　反馈归零法　　　图 6-18　反馈置数法

? 问题思考

1. 如何设计一个带有小数点的数码管？
2. 如何设计一个十二进制计数器？

任务三　红外计数器的组装与调试

任务目标

知识目标	1. 掌握51单片机的焊接方法。 2. 掌握红外计数器监测设备目视检验的基本方法。 3. 掌握红外计数器监测设备通电检测的基本方法。 4. 掌握红外计数器监测设备基本故障类型及排除方法。
能力目标	1. 能够通过检测单片机引脚判断其好坏。 2. 能够对红外计数器监测设备进行正确目视与通电检测。 3. 能够针对不同故障现象完成故障排除。
素养目标	1. 通过通电调试及故障排查，培养学生勤于思考、解决实际问题的能力。 2. 通过通电调试，培养学生正确使用仪表及安全用电的意识。
思政要素	通过功能调试及检测，熟悉电子仪器操作的规范性，了解电子行业的工业标准。

学生任务单

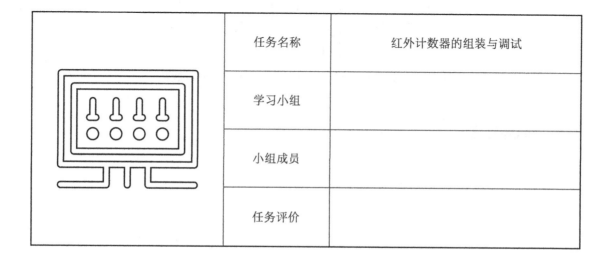

	任务名称	红外计数器的组装与调试
	学习小组	
	小组成员	
	任务评价	

续表

自学简述	通过课前自学，从以下几部分进行简述： 1. 单片机引脚如何检测好坏？ 2. 单片机如何安装和焊接？			
任务分析	制定任务 实施步骤	根据任务目标，通过浏览资源、查阅资料，了解红外计数器的硬件组成，制定焊接和调试的步骤（尤其是检测时，通电前和通电后如何检测）。		
	小组成员 任务分工	任务分工		完成人
任务实施	按完成 步骤记录	第　步		
		第　步		
		第　步		
		第　步		
		第　步		
		第　步		
		第　步		
	重点记录 （知识、技能、 规范、方法及 工具等）			

续表

任务实施	难点记录	
课后反思	出现问题及解决方案	
	课后学习	
任务评价	自我评价（30分）	课前学习	时间观念	实施方法	知识技能	成果质量	分值
	小组评价（30分）	任务承担	时间观念	团队合作	知识技能	成果质量	分值
	教师评价（40分）	任务承担	时间观念	团队合作	知识技能	成果质量	分值

知识与技能

一、红外计数器的焊接

1. 元器件的选择与检测

红外计数器电器的元器件名称、型号规格、数量见表6-3。可借助万用表对电子元器件进行检测,只有元器件的性能良好才能保证电路工作正常。

表6-3 红外计数器元器件明细表

型号规格	名称	标号	数量
蜂鸣器 HA	蜂鸣器	B1	1
10μF	电容	C1	1
33pF	电容	C2,C3	2
发光二极管 LED	发光二极管	D2	1
LCD1602	液晶	LCD1	1
POWER	电源接口	P1	1
红外避障传感器 T	红外避障传感器	P2	1
红外避障传感器 R	红外避障传感器	P3	1
9012	三极管	Q1	1
2kΩ	电阻	R1,R2,R5	3
10kΩ	电阻	R3	1
SW-PB	按键	S1,S2,S3,S4	4
SW-灰色	电源开关	SW1	1
单片机 STC89C51	单片机	U1	1
12MHz	晶振	Y1	1

2. 焊接成品图

其焊接成品如图6-19所示。

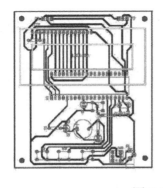 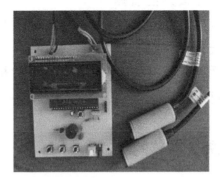

图 6-19 焊接成品图

3. 51单片机的检测和焊接

（1）检测方法　在使用51单片机时，引脚检测是一个重要的步骤，它可以帮助确定单片机是否正常工作，或者是否有硬件故障。以下是一些基本的引脚检测方法：

① 电源和地线检查：首先检查VCC（电源）和GND（地）引脚是否有正确的电压。对于大多数51单片机，这个电压通常应该在5V左右。可以使用万用表的直流电压挡来检测这个电压。

② I/O口检查：通过编程，可以将I/O口配置为输出模式，然后让它输出高电平或低电平，用万用表检测是否输出了正确的电压。同样，也可以将I/O口配置为输入模式，然后给它输入高电平或低电平，通过编程来检测是否接收到了正确的电平。

③ 复位引脚检查：检查复位（RESET）引脚是否工作正常。当这个引脚接收到一个低电平信号时，单片机应该会复位。

④ 晶振引脚检查：如果单片机使用了外部晶振，可以检查晶振的引脚（通常是XTAL1和XTAL2）是否有正确的振荡频率。使用示波器来检测这个频率。

⑤ 特殊功能引脚检查：对于单片机的其他特殊功能引脚，如UART、SPI、ADC等，可以编写测试程序，通过实际的输入和输出来检测它们是否正常工作。

（2）焊接方法

① 防静电：在焊接之前，先确保操作者和工作台都已经接地，以防止静电损坏单片机。

② 预热：如果可能，先预热单片机，这可以帮助焊接材料更好地流动，也可以防止由于热应力造成的损伤。

③ 正确的焊接顺序：一般来说，应该先焊接单片机的角落引脚，以固定单片机，然后再焊接其他引脚。

④ 适当的焊接温度和时间：焊接温度和时间都应该在允许的范围内，过高的温度或过长的时间都可能损坏单片机。

⑤ 冷却和检查：焊接完成后，让单片机自然冷却，然后用放大镜检查焊接点，确认没有短路或冷焊。

二、红外计数器的调试

红外计数器的调试工作是检查和确认硬件电路及其相关软件代码是否正确工作的过程。以下是调试的基本步骤及注意事项。

1. 调试步骤

(1) 电源检查　首先检查电源连接是否正确、电源电压是否在设备的正常工作范围内。

(2) 硬件连接检查　检查红外发射器和红外接收器是否正确连接、所有的焊接点是否牢固，电路板上没有短路或断路现象。

(3) 硬件功能测试　通过简单的测试程序来检查红外发射器是否正常工作，比如发射器在通电后，可以使用手机摄像头查看红外发射器是否发出红外光（手机摄像头可以看到红外光）。然后检查红外接收器是否能正常检测到红外光，比如可以用遥控器发出红外信号，看看接收器是否能检测到。

(4) 软件功能测试　加载和运行为计数器设计的软件，检查计数功能是否正常。比如可以手动阻挡红外光，看看计数器是否能正确计数。

(5) 系统集成测试　在硬件和软件都单独测试正常之后，进行系统集成测试。这通常包括模拟实际使用情况，例如让人通过红外计数器，检查是否能正确计数。

2. 注意事项

(1) 在操作电路时，确保电源已关闭，以防止触电或短路。

(2) 使用适当的测试设备，例如电压表、示波器、数字万用表等。

(3) 在进行硬件和软件测试时，首先进行单元测试，然后再进行集成测试。

(4) 确保红外发射器和接收器之间没有遮挡物，保证红外光可以从发射器传输到接收器。

(5) 在软件测试中，如果遇到问题，可以使用调试工具进行断点、单步执行等操作，以帮助测试人员找出问题。

? 问题思考

1. 单片机焊接注意点有哪些?

2. 单片机调试时的难点是什么？怎么处理?

项目七
MOSFET 电路供电开关电源的制作

项目描述

在林立的智能大厦里,MOSFET电路供电的开关电源广泛应用在楼宇的众多系统中。本项目介绍了如何制作一个基于MOSFET电路的供电开关电源。开关电源是一种高效、稳定的电源,广泛应用于各种电子设备中。通过学习本项目,学生将了解到开关电源的工作原理、MOSFET的基本知识,以及如何设计和制作一个简单的开关电源。

项目目标

1. 掌握开关电源的电路组成及工作原理。

2. 掌握MOS管的结构、工作原理和特性,了解其在开关电源中的应用。

3. 根据设计的电路图选购所需元器件,并按照电路图进行焊接和组装,制作出开关电源的原型。

4. 对制作的开关电源原型进行性能测试,包括输入和输出电压的稳定性、效率等指标的测试。

任务 一　识读校验电路原理图

任务目标

知识目标	1. 了解开关电源在楼宇系统中的应用场合。 2. 理解开关电源的定义和工作原理。 3. 掌握变压、整流、滤波各部分电路的作用。 4. 掌握MOS管的符号、结构、工作特性。
能力目标	1. 能够运用已有教学资料设计方案框图。 2. 能够通过识读开关电源原理图认识更多的电子元器件及图形符号。
素养目标	通过方案设计和识读原理图，使学生具备严谨的、有计划的、循序渐进的设计精神，负责的情操和周密思考的工作态度。
思政要素	由简到难，自主设计完成复杂任务，养成创新思维，并且通过三位一体评价，总结自身在学习中的优势和不足，完成持续性学习。

学生任务单

	任务名称	识读校验电路原理图
	学习小组	
	小组成员	
	任务评价	

续表

自学简述	通过课前自学，从以下几部分进行简述： 1. 开关电源在楼宇系统中的应用有哪些场合？ 2. 了解 MOS 管是什么电子元器件？ 3. 了解 Tinkercad 软件，课前完成注册。			
任务分析	制定任务 实施步骤	根据任务目标，通过浏览资源、查阅资料，在教师引导下分析开关电源原理及各硬件组成，绘制出电路图（画出流程图）。		
	小组成员 任务分工	任务分工		完成人
任务实施	按完成 步骤记录	第　步		
		第　步		
		第　步		
		第　步		
		第　步		
		第　步		
		第　步		
	重点记录 （知识、技能、 规范、方法及 工具等）			

续表

任务实施	难点记录	
课后反思	出现问题及解决方案	
	课后学习	

任务评价	自我评价 （30分）	课前学习	时间观念	实施方法	知识技能	成果质量	分值
	小组评价 （30分）	任务承担	时间观念	团队合作	知识技能	成果质量	分值
	教师评价 （40分）	任务承担	时间观念	团队合作	知识技能	成果质量	分值

知识与技能

一、开关电源的认识

开关电源（switching power supply）是一种电源供电设备，它通过开关管的开通和关断调整输出电压，以提供稳定的直流电源。开关电源采用了高频开关技术，具有体积小、效率高和能耗低等优点，因此被广泛应用在电视、电脑、通信设备和其他电子设备中。

开关电源由于其高效、小巧、轻便的特点，广泛应用于各类电子设备和系统中。以下是开关电源的一些主要应用。

1. 计算机和服务器

开关电源被广泛应用于个人计算机和服务器中，为CPU、硬盘、显卡等各种部件提供稳定的电力。

2. 消费电子产品

如电视、音频设备、游戏机等都使用开关电源，因为它们需要轻便、高效的电源解决方案。

3. 电信设备

如路由器、交换机、基站等通信设备，都需要高效率、高可靠性的电源，因此广泛使用开关电源。

4. 工业控制系统

在各种工业自动化设备和机器人中，开关电源被用来为电动机、传感器和控制器等提供电力。

5. 医疗设备

如X光机、MRI（核磁共振成像）、超声设备等。由于医疗设备对电源的稳定性和可靠性要求非常高，因此通常会选择使用开关电源。

6. 电动工具和电动汽车

为了提高能源的利用效率，电动工具和电动汽车的充电器通常会使用开关电源。

7. 智能楼宇系统面

（1）安全监控系统　开关电源用于为CCTV监控系统、门禁控制系统、报警系统等提供稳定的电源。这些设备通常需要24小时不间断工作，因此需要高效可靠的电源。

（2）环境控制系统　如空调、供暖、照明和通风系统，这些系统都需要使用电源来驱动。其中，LED照明系统中的开关电源还可以实现调光功能。

（3）能源管理系统　能源管理系统需要收集各种能源使用数据，包括电能、水能、热能等，这些数据采集设备需要使用开关电源。

（4）电梯控制系统　电梯控制系统需要使用开关电源来为控制器和驱动电机供电。

（5）信息通信系统　楼宇内的网络设备、电话系统、公共广播系统等都需要稳定的电源，开关电源可以为这些设备提供高效的电源。

（6）电池备份系统　在电力故障的情况下，开关电源可以用于充电和管理楼宇的备用电池系统。

（7）楼宇自动控制系统　用于控制和管理上述所有系统的楼宇自动控制系统也需要使用开关电源。

二、开关电源的原理

开关电源大致由主电路、控制电路、检测电路、辅助电源四大部分组成。

1. 主电路

主电路通过冲击电流限幅来限制接通电源瞬间的输入侧冲击电流，随后将交流输入电压经整流器转换为直流电压，并通过滤波电路去除高频干扰，之后直流电压输入到由开关设备（如MOSFET或IGBT）和电感构成的开关转换器中进行逆变（开关转换），将直流电压转换为高频脉冲电压，最后高频脉冲电压通过输出端的整流器和滤波器转换为所需的直流输出电压。

2. 控制电路

开关电源通过反馈控制回路检测输出电压，并在输出电压偏离预设值时，自动调整开关设备的开关频率或开通占空比，以确保输出电压稳定在预设值附近。

3. 检测电路

开关电源的检测电路主要包括电流检测和电压检测，旨在保护电源系统和连接的负载，同时优化电源系统的效率和性能。具体功能如下：

电流检测：是开关电源设计的重要组成部分，它负责调节输出和实现限流保护功能。在多相电源设计中，重载时可以精确分配各相电源电流；轻载时可以减少电源输出路数，提高效率，同时防止电流回流造成的效率降低。

电压检测：用于监控电源的输出电压，确保其在规定的范围内。电压检测电路能够提供过压保护和欠压锁定等功能，保护电源系统和连接的负载免受过压或欠压的损害。

4. 辅助电源

实现电源的软件（远程）启动，为保护电路和控制电路（PWM等芯片）供电。本次项目的开关电源选用的是MOS管开关电路，具体原理图见图7-1～图7-3。

三、MOS管的认识

MOS管（metal-oxide-semiconductor field-effect transistor, MOSFET）是一种常用的场效应晶体管，广泛应用在电子设备和系统中。它主要用作开关设备或放大器。

1. 三个电极的判定

（1）栅极（G）判定 栅极是MOSFET的控制电极，用于控制MOSFET的导通与截止。它一般用来接收控制信号，通过控制栅极电压的大小，可以调节MOSFET的导通程度。在原理图中，栅极通常用一个短横线或带有箭头的线表示（图7-4）。

使用万用表检测，可将万用表设置为二极管挡位，将红表笔（正极）接触一个引脚，黑表笔（负极）依次接触另外两个引脚。如果在两个引脚上都没有读数变化，那么红表笔接触的引脚就是栅极（G）。

（2）漏极（D）和源极（S）判定 漏极是MOSFET主要的电流输入端，即电流通过的地方，通常被连接到低电位或接地，以提供参考电位。源极是MOSFET主要的电流输出端，即电流流出的地方，通常被连接到负载或其他电路，使电流能够有效地流出。在原理图中，漏极和源极之间有一个箭头，表示PN结的方向。箭头指向的极是NMOS管的漏极，箭头背对的极是NMOS管的源极；对于PMOS管则相反，箭头背对的极是PMOS管的漏极，箭头指向的极是PMOS管的源极。

使用万用表检测，红表笔（正极）接触已经找出的栅极（G），黑表笔（负极）接触另外两个引脚。如果两个引脚之间的电阻很小，则黑表笔接触的引脚是源极（S），另一个引脚是漏极（D）。

此外，还可以通过以下方法来判断MOS管的三个极：

（1）辨别外观 通常MOSFET的引脚排列是规律的，可以通过外观和引脚

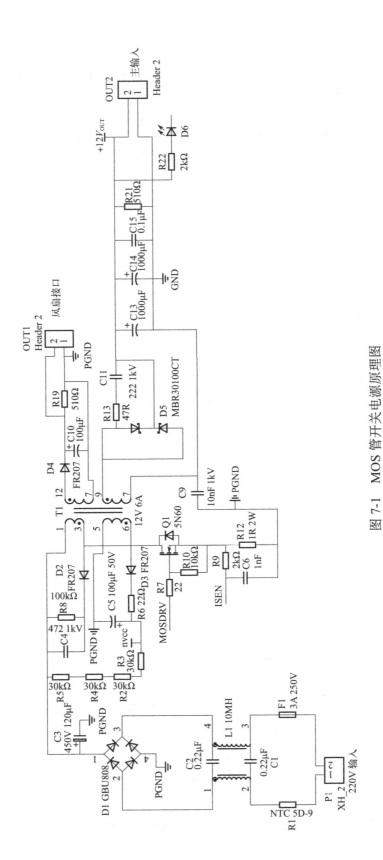

图 7-1 MOS 管开关电源原理图

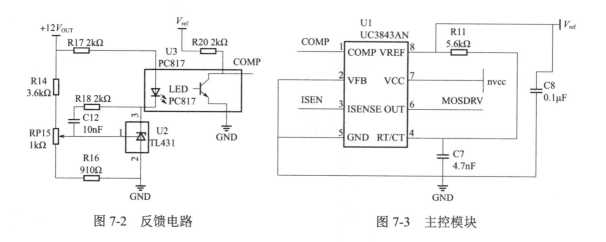

图 7-2 反馈电路　　　　　　　　图 7-3 主控模块

标记来判断每个引脚的功能。常见的 MOSFET 引脚会标记为 G、D 和 S，对应栅极、漏极和源极。

（2）数据手册　参考相关的 MOSFET 数据手册，其中会详细描述每个引脚的功能和电路连接方法。

2. N 沟道与 P 沟道的判别

其判别方法如图 7-5 所示，箭头指向 G 极的是 N 沟道，箭头背向 G 极的是 P 沟道。

图 7-4　MOS 管符号　　　　图 7-5　N 沟道与 P 沟道判别法

3. 寄生二极管的方向判定

寄生二极管是指在 MOSFET 中由于结构和工艺的原因而存在的二极管。判定寄生二极管的方向主要有两种方法。第一种方法是查找器件手册。可以通过查找 MOSFET 的器件手册或规格书来确定寄生二极管的方向。手册通常会提供器件的电路结构图和引脚定义，其中会明确标注寄生二极管的方向。第二种方法是使用万用表进行测试。可以使用万用表的二极管测试功能来判定寄生二极管的方向，具体操作步骤如下。

（1）将万用表的测试笔分别连接到 MOSFET 的源极和漏极。

（2）如果万用表显示正向导通（即显示一个较小的电压值），则说明寄生二极管的方向是从源极到漏极。

（3）如果万用表显示反向导通（即显示一个较大的电阻值或无穷大），则说明寄生二极管的方向是从漏极到源极。需要注意的是，寄生二极管的方向对于 MOSFET 的应用和电路设计具有重要影响，因此在使用 MOSFET 时，确保正确判定和使用寄生二极管是非常重要的。

4. MOS 管的主要特点

MOS 管具有高阻抗、低功耗、高增益、快速开关速度等特点，适用于各种电子电路中的放大、开关和控制等应用。

（1）高输入阻抗　MOS 管具有非常高的输入阻抗，使其能够接收来自外部电路的微弱信号。

（2）低功耗　MOS 管在工作时只需要很小的电流，因此具有较低的功耗。

（3）高增益　MOS 管具有较高的电流放大倍数，可以将输入信号放大到较大的幅度。

（4）快速开关速度　MOS 管具有快速的开关速度，能够迅速切换开关状态。

（5）低噪声　MOS 管的噪声水平较低，适用于对噪声要求较高的应用。

（6）可控性强　通过控制栅极电压，可以精确地控制 MOS 管的导通和截止状态。

（7）高电压容忍能力　MOS 管能够承受较高的电压，适用于高压应用。

（8）小尺寸　MOS 管的尺寸相对较小，可以实现高集成度和小型化设计。

（9）可靠性高　MOS 管具有较高的可靠性和稳定性，长时间工作不易损坏。

5. MOS 管的应用

MOSFET 由于其出色的开关速度、高输入阻抗和低导通电阻等特性，被广泛应用在各种电子设备和系统中。以下是一些主要的应用。

（1）开关电源　MOSFET 由于其高速开关性能，通常被用作开关电源的开关元件。这使得开关电源可以工作在高频率，从而可以使用小型化的电感和电容，使得电源体积更小、效率更高。

（2）电机控制　在电动工具、电动汽车、家电等设备中，MOSFET 被用来驱动和控制电机。通过控制 MOSFET 的开关状态和占空比，可以实现对电机速度和转向的精确控制。

（3）信号放大　MOSFET 可以作为放大器使用，将微弱的输入信号放大到一个较大的电平。这在音频设备、通信设备和测量设备等中非常有用。

（4）数字逻辑电路　在微处理器、内存和各种逻辑门电路中，MOSFET作为基本的开关元件，用来实现各种逻辑功能。

（5）射频应用　在射频（RF）应用中，MOSFET可以作为功率放大器或开关，如无线通信、雷达和微波应用等。

（6）保护电路　在过压、过流保护电路中，MOSFET可以作为开关元件，当检测到异常时，快速切断电源，保护其他电路元件不受损害。

6. MOS管的开关条件

N沟道——$U_g > U_s$、$U_{gs} > U_{gs}(th)$时导通，P沟道——$U_g < U_s$、$U_{gs} < U_{gs}(th)$时导通。总之，导通条件：$|U_{gs}| > |U_{gs}(th)|$。

7. 相关概念

BJT（bipolar junction transistor）：双极性晶体管，为电流控制器件。

FET（field effect transistor）：场效应晶体管，为电压控制器件。

场效应管按结构分为结型场效应管（简称JFET）、绝缘栅型场效应管（简称MOSFET）两大类；按沟道材料分，结型和绝缘栅型各分N沟道和P沟道两种；按导电方式分为耗尽型与增强型，结型场效应管均为耗尽型，绝缘栅型场效应管既有耗尽型的，也有增强型的。总的来说，场效应晶体管可分为结型场效应晶体管和MOS场效应晶体管，而MOS场效应晶体管又分为N沟道耗尽型和增强型、P沟道耗尽型和增强型四大类。

8. MOS管的重要参数

封装、类型（NMOS、PMOS）、耐压U_{ds}（器件在断开状态下漏极和源极所能承受的最大电压）、饱和电流I_d、导通阻抗R_{ds}、栅极阈值电压$U_{gs}(th)$。

9. 从MOS管实物识别引脚

MOS管实物引脚识别图如图7-6所示。

无论是NMOS还是PMOS，按图7-6摆正，中间的一脚为D，左边为G，右边为S。或者这么记：单独的一脚为D，逆时针转为D、G、S。引脚编号如图7-7所示。

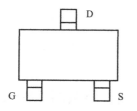 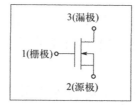 

图7-6　MOS管实物引脚识别图　　　图7-7　引脚编号图

从G脚开始，逆时针转为1、2、3，三极管的引脚编号同样从B脚开始，逆时针转为1、2、3。

10. 用万用表辨别NNOS与PMOS

　　借助寄生二极管来辨别。将万用表挡位拨至二极管挡，红表笔接S，黑表笔接D，有数值显示，反过来接无数值，说明是N沟道，若情况相反是P沟道。

问题思考

1. 如何识别MOS管的三个电极？
2. MOS管导通的条件是什么？

任务二　开关电源的组装与调试

任务目标

知识目标

1. 掌握开关电源电子元器件焊接的顺序及整机通电调试的流程。
2. 掌握开关电源交流220V输入电源上电前开关管控制电路的调试方法。
3. 掌握开关电源空载及带载的调试方法。
4. 掌握开关电源没有输出电压故障的检测与解决方法。

能力目标

1. 能够按照电子设备装接工国家职业标准完成元件的焊接。
2. 能够根据装配图完成开关电源的装配工作。
3. 能使用万用表测量开关电源的交流输入电压、桥式整流及滤波后的直流电压。
4. 能调整开关管脉冲信号PWM占空比。
5. 能使用示波器检测开关管脉冲信号波形。
6. 能使用万用表检测并排除开关电源无输出电压故障。

素养目标

1. 在元件焊接和装配的过程中,提高学生标准意识和安全规范操作意识,践行一丝不苟的工匠精神。
2. 通过开关电源的装配与调试,培养学生对设备调试和故障排除等问题的分析和思考能力,提高安全用电操作规范的意识。

思政要素

通过开关电源的维修案例,激发学生的学习兴趣,培养认真严谨的工作态度,树立"技能强国、技能报国"的宏伟目标和信念。

学生任务单

	任务名称	开关电源的组装与调试
	学习小组	
	小组成员	
	任务评价	

自学简述	通过课前自学，从以下几部分进行简述： 1. 电子设备装接工国家职业标准中有哪些内容适用于本项目？ 2. 根据教师课前给的装配图，尝试写出开关电源装配流程。 3. 开关管脉冲信号 PWM 占空比是什么？ 4. 开关电源容易出现哪些故障？

任务分析	制定任务实施步骤	根据任务目标，通过浏览资源、查阅资料，在教师引导下分析开关电源的焊接顺序，写出简单流程图并分析调试方法，画出思维导图。	
	小组成员任务分工	任务分工	完成人

任务实施	按完成步骤记录	第　步	
		第　步	
		第　步	

项目七　MOSFET 电路供电开关电源的制作

续表

任务实施	按完成步骤记录	第 步	
		第 步	
		第 步	
		第 步	
	重点记录（知识、技能、规范、方法及工具等）		
	难点记录		
课后反思	出现问题及解决方案		
	课后学习		

任务评价	自我评价（30分）	课前学习	时间观念	实施方法	知识技能	成果质量	分值
	小组评价（30分）	任务承担	时间观念	团队合作	知识技能	成果质量	分值
	教师评价（40分）	任务承担	时间观念	团队合作	知识技能	成果质量	分值

知识与技能

一、开关电源元器件的选择及检测

开关电源的元器件名称、型号规格、数量见表7-1。可借助万用表对电子元器件进行检测,只有元器件的性能良好才能保证电路工作正常。

表7-1 开关电源元器件清单

标号	名称	型号规格	数量
R10	0805res 贴片电阻	10kΩ	1
R6	0805res 贴片电阻	22	1
R9, R17, R18, R20, R22	0805res 贴片电阻	2kΩ	5
R14	0805res 贴片电阻	3.6kΩ	1
R2, R3, R4, R5	0805res 贴片电阻	30kΩ	2
R11	0805res 贴片电阻	5.6kΩ	1
R16	0805res 贴片电阻	910Ω	1
C8, C15	0806CAP 贴片电容	0.1μF	2
C6	0806CAP 贴片电容	1nF	1
C7	0806CAP 贴片电容	4.7nF	1
C12	0806CAP 贴片电容	10nF	1
C9	高压瓷片电容	10nF,1kV	1
C11	高压瓷片电容	222,1kV	1
C4	高压瓷片电容	472,1kV	1
R12	2W 直插	1R,2W	1
R8	2W 直插	100kΩ,2W	1
R13	2W 直插	47R,2W	1
R19, R21	2W 直插	510Ω,2W	2
C3	直插电解电容 18mm×30mm	450V,120μF	1
C5, C10	直插电解电容 8mm×12mm	50V,100μF	2
C13, C14	直插电解电容 13mm×25mm	25V,1000μF	2
D1	集成整流桥	GBU808	1
U1	DIP-8 光电隔离器	UC3843AN	1
U3	光电耦合器	PC817	1
L1	UU9.8 共模电感	10MH	1

续表

标号	名称	型号规格	数量
D5	TO-220	MBR30100CT	
J1, J2	TO220 散热器	FIN	2
D2, D3, D4	二极管 DO-15	FR207	3
D6	发光二极管	3mmLED	1
F1	熔丝 3mm×10mm	3A、250V	1
U2	三端稳压器	TL431	1
Q1	MOSFET 管	5N60	1
T1	变压器，EC2834	12V、6A	1
R1	NTC 电阻	NTC5D-9	1
R7	1/8W 直插电阻	22	1
C1, C2	X 安规电容 275V，15mm	0.22μF	2
R15	3296W 电位器	1kΩ 电位器	1
P1	XH2.54 母头端子		1
铁氧体磁珠			3
M3 铜柱			4
M3 螺钉			2
M3 螺母			4
PCB			1
XH2.54 双公头连接线			1
VH3.96 簧片/冷压头			6
8PIN 芯片座			1
电源线			1

1. 贴片电阻的检测

虽然贴片电阻是一个简单的元件，但是由于它在电路中的作用非常重要，对其进行正确的检测是非常必要的。贴片电阻的检测主要分为两个阶段：初步视觉检查和电性能测试。

（1）初步视觉检查　初步视觉检查主要是观察贴片电阻的物理状态。例如，确认电阻是否正确地安装在电路板上，电阻本身和焊点是否有破损、裂纹或烧伤等可见的缺陷。这通常可以通过肉眼或者放大镜进行，对于更复杂的电路，也可以使用自动光学检查(AOI)设备进行。

（2）电性能测试　电性能测试是通过专用的测试设备，如万用表、LCR表等，检测贴片电阻的电阻值是否在规定的范围内。对于更复杂的电路或者系统，也可以通过功能测试或者系统级测试确认贴片电阻和整个电路的工作性能。

在生产线上，贴片电阻的检测通常会自动进行，通过设备对电路板上的每一个元件进行快速准确的检测，并且将不合格的电路板自动剔除出去。在修理或者故障排查时，也可以手动进行贴片电阻的检测，帮助找出问题。

2. 焊接实物图

焊接印制板图、元件安装布置图、元件实物安装图分别见图7-8～图7-10。

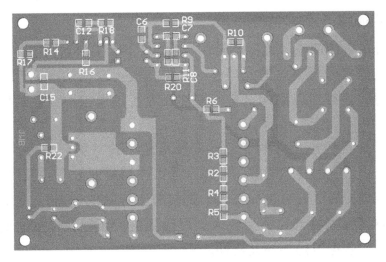

图 7-8　焊接印制板图

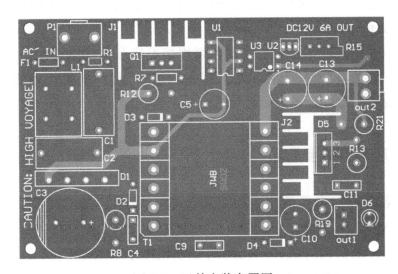

图 7-9　元件安装布置图

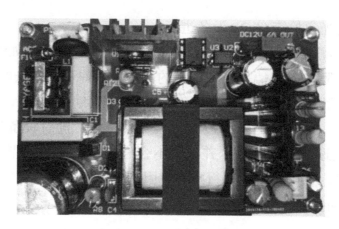

图 7-10　元件实物安装图

3. 开关电源电子元器件焊接的顺序

在焊接开关电源的电子元器件时，一般可以按照以下顺序进行焊接：

（1）首先焊接较低高度的元器件　从电路板上较低的高度开始焊接，例如电阻、电容等。这样可以确保这些元器件在焊接过程中不会被其他较高的元器件阻挡。

（2）然后焊接较小尺寸的元器件　焊接较小尺寸的元器件，例如二极管、小型电感等。这些元器件通常较为敏感，所以在焊接时要小心操作，避免损坏。

（3）接着焊接较大尺寸的元器件　焊接较大尺寸的元器件，例如 MOSFET、变压器等。这些元器件通常需要较大的焊接热量，所以在焊接时要确保焊接时间和温度适当，避免过热损坏元器件。

（4）最后焊接连接器和插座　焊接连接器和插座，例如电源输入插座、输出端子等。这些元器件通常需要与外部设备连接，所以在焊接时要确保焊接牢固，避免接触不良或松动。

需要注意的是，在焊接过程中要遵循焊接温度和时间的要求，避免过热或过长时间的焊接，以免损坏元器件或电路板。同时，要注意焊接点的清洁和整齐，确保焊接质量和可靠性。如果对焊接顺序不确定，建议参考元器件的焊接视频。

二、贴片电阻焊接工艺

贴片电阻的焊接主要使用表面贴装技术（surface mount technology，SMT）。这是一种将电子元件直接焊接到印制电路板（PCB）表面的方法，广泛应用于现代电子设备的制造。以下是贴片电阻焊接的基本步骤和注意事项。

1. 焊接步骤

（1）板面处理 首先，确保PCB表面清洁无尘，没有氧化。

（2）涂抹焊膏 在PCB上需要焊接的位置上涂抹一层焊膏。这通常通过使用有焊接位置孔洞的钢网完成，焊膏会被刮刀压过钢网刮在PCB对应的位置上。

（3）放置电阻 使用贴片机将贴片电阻精确地放置在焊膏上。贴片机通常使用真空吸嘴来吸取和定位元件。

（4）烘烤焊接 将PCB送入回流焊炉，通过加热使焊膏熔化，完成焊接。回流焊炉通常有预热区、回流区和冷却区，以确保焊接的质量和防止元件受损。

2. 注意事项

（1）防静电 贴片电阻和其他电子元件可能会受到静电的损害，因此需要采取防静电措施，如穿防静电服、戴防静电手套和静电手环，工作台要接地。

（2）焊接温度 焊接的温度必须控制在一个合适的范围内，太高可能会损坏元件，太低可能导致焊接不牢固。

（3）焊膏的选择和存储 焊膏的质量直接影响焊接的效果，应选择合适的焊膏，并且按照规定的条件存储和使用。

（4）检查和测试 焊接完成后，应通过视觉检查、X射线检查等方法检查焊接的质量，并通过电性能测试验证电路的功能。

三、开关电源调试

1. 测试仪器

万用表（电流表）VICTOR81B、万用表（电压表）FLUKE15B+、功率测试仪泰盛仪表TS-F4、示波器DSO-X2012A，如图7-11、图7-12所示。

图7-11 万用表（电流、电压）、功率测试仪

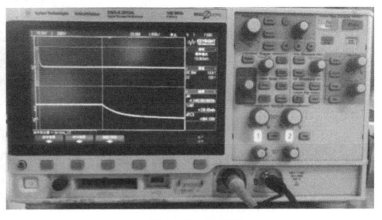

图7-12 示波器

2. 测试项目

（1）整机通电调试　在将焊好的电源板通上AC220V前，为了安全，需要进行一些简单的上电前测试。

第一步：在220V输入端口接入一个较低的交流电压或直流电压（如AC12V），万用表测量C3两端，应有电压且接近输入的直流电压值或输入的交流电压峰值，说明整流回路正常。然后，为芯片UC3843AN的电源脚接入12V直流电压（C5两端，注意正负），此时电流在20mA以内为正常。观察芯片UC3843AN第8脚是否有5V输出，第6脚有是否有频率为65kHz左右的波形输出（万用表测量有电压值，也可用示波器看）。若没有，重点检查UC3843AN外围电路是否有虚焊或错焊。

第二步：在输出端以及C5两端同时接入直流12V，输出端的电流损耗在0.1A以内为正常。调整R15，使得UC3843AN的1脚的电压正好为2.5V。将输出端接入高于12V的电压（如15V，注意正负），使得此时UC3843AN的1脚电压超过2.5V。此时用示波器看芯片UC3843AN的6脚应没有输出波形（用万用表测，没有电压）；将输出端接入低于12V的电压（如9V，注意正负），使得此时UC3843AN的1脚的电压低于2.5V。此时芯片UC3843AN的6脚最大占空比输出（用万用表测，有电压），经过上述检查证明反馈回路正常。这一步测量很重要，不要一焊好就上电，否则很有可能因为虚焊或错焊而烧坏器件。

（2）效率调试（图7-13）　测试条件：输入220VAC，输出12.34V、6.17A。实测效率：80.49%。

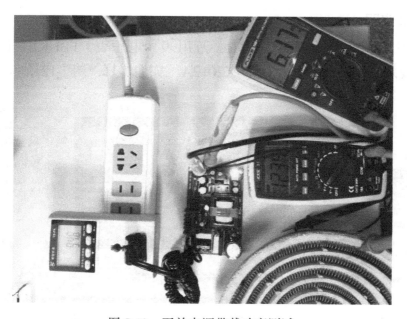

图7-13　开关电源带载功率测试

（3）空载功耗测试（图7-14）　测试条件：输入220VAC，输出空载。实测空载功耗为2.2W。

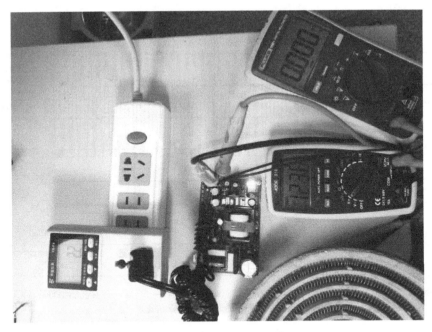

图7-14　开关电源空载功耗测试

（4）输出纹波电压测试（图7-15）　测试条件：输入220VAC，输出12V、6A。实测97.5mV。

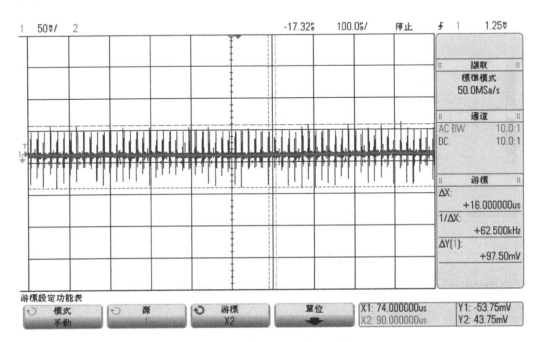

图7-15　输出纹波电压测试

（5）开机延迟测试（图7-16） 测试条件：输入220VAC，输出12.64V、6A。实测开机延迟时间为132ms。

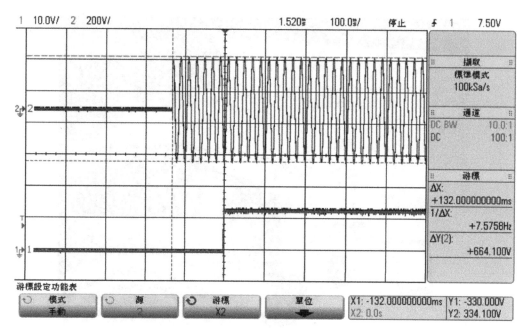

图 7-16 开机延迟测试

（6）关机延迟测试（图7-17） 测试条件：输入220VAC，输出空载。实测关机延迟时间为4.2s。

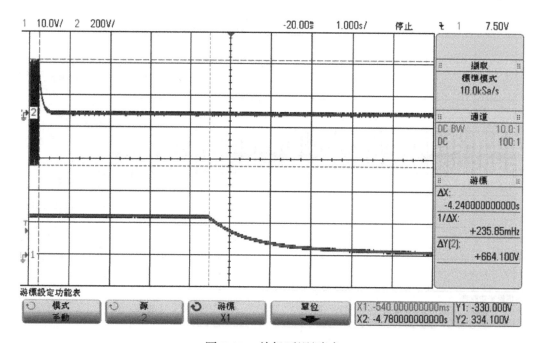

图 7-17 关机延迟测试

(7) 输出动态响应测试（图 7-18） 测试条件：输入 220VAC，输出 12V、6A。实测上升时间为 2.3ms。

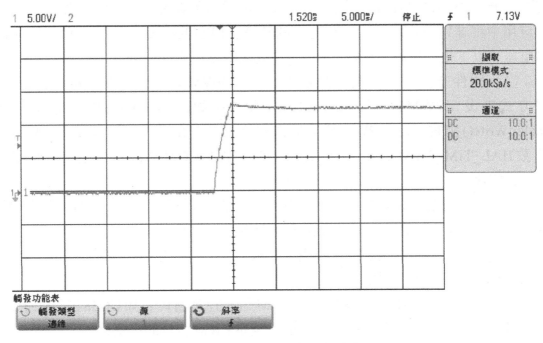

图 7-18　输出动态响应测试

(8) MOS 管 DS 波形测试（图 7-19） 测试条件：输入 220VAC，输出 12V、3A。

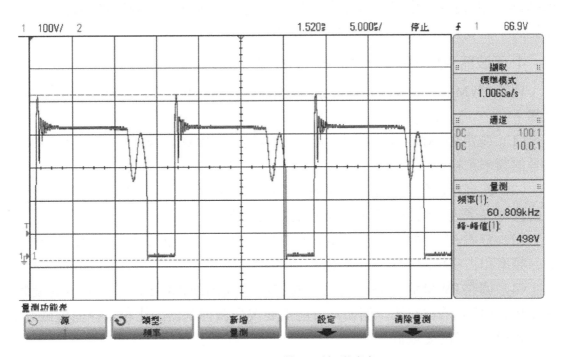

图 7-19　MOS 管 DS 波形测试

3. 调整开关管脉冲信号 PWM 占空比

脉宽调制（PWM）信号的占空比是由高电平（开）时间与总周期的比率决定的。调整 PWM 信号的占空比，可以改变电源向负载提供的平均电力。这在许多应用中都非常有用，比如调整电机的转速、LED 的亮度，或者开关电源的输出电压。以下是一些调整 PWM 信号的占空比的常用方法：

（1）硬件方法　许多微控制器都内置了 PWM 信号生成器，可以通过编程方式来设定 PWM 信号的频率和占空比。例如，在 Arduino 中，可以使用 analogWrite() 函数来设定 PWM 信号的占空比。在 STM32 中，可以使用 PWM 库函数 HAL_TIM_PWM_Start() 和 __HAL_TIM_SET_COMPARE() 来设定 PWM 信号的占空比。

（2）软件方法　如果微控制器没有内置的 PWM 信号生成器，也可以使用软件方法来生成 PWM 信号。这通常通过一个定时器中断来实现：在每个定时器中断中，改变输出引脚的状态，从而生成 PWM 信号。调整中断的时间间隔，就可以调整 PWM 信号的占空比。

（3）模拟方法　还有一些专用的 PWM 信号控制器 IC，如 UC3843、SG3525 等，可以通过改变外接电阻和电容的值来设定 PWM 信号的占空比。

需要注意的是，PWM 信号的频率和占空比必须在电源和负载能够接受的范围内。如果 PWM 信号的频率太高，可能会超过开关元件的开关速度；如果 PWM 信号的占空比太高，可能会导致负载过热。因此，在调整 PWM 信号的占空比时，需要考虑电源和负载的规格和限制。

4. 示波器调整开关管脉冲信号 PWM 占空比

调整 PWM（脉冲宽度调制）信号的占空比并利用示波器进行验证的基本步骤如下。

（1）设定 PWM 信号的参数　在微控制器或 PWM 信号控制器上设定 PWM 信号的频率和初始占空比。这通常通过编程方式实现。

（2）连接示波器　将示波器的探头连接到输出 PWM 信号的引脚。确保示波器的接地夹子连接到微控制器或电路的公共接地。

（3）查看初始波形　打开示波器并观察 PWM 信号的波形。能看到一个方波，频率和占空比对应于设定的值。

（4）调整 PWM 信号的占空比　通过调整代码或 PWM 信号控制器的设置，改变 PWM 信号的占空比。例如，可能需要改变微控制器的比较寄存器值或改变控制 PWM 信号的变量值。

（5）查看调整后的波形　在示波器上观察 PWM 信号的变化。应该看到方波的高电平部分（ON时间）相对于整个周期（ON时间加OFF时间）的比例发生了变化，这就反映了占空比的变化。

（6）验证并优化　反复调整PWM信号的占空比并通过示波器进行验证，直到得到满足需求的PWM信号。可能需要一些试错和优化的过程。

四、开关电源常见故障的检测与维修

开关电源由于其内部电路和组件的复杂性，可能会出现各种故障。以下是一些常见的开关电源故障及其可能的检测和维修方法。

（1）电源无法启动或立即停止　可能是因为电源的输入电压太低，或者电源内部的某个元件（如开关元件、电容、变压器）损坏。首先检查电源的输入电压是否正常，然后使用万用表等工具检查电源内部的元件是否工作正常。

（2）无直流电压输出，但熔丝完好现象　说明开关电源未工作，或者工作后进入了保护状态。

维修方法：首先应判断一下开关电源的主控芯片UC3843AN是否处在工作状态或已经损坏。

判断方法：加电测UC3843AN的7脚对地电压，若测7脚有+5V电压，1、2、4、6脚也有不同的电压，则说明电路已起振，UC3843AN基本正常；若7脚电压低，其余引脚无电压或不波动，则UC3843AN已损坏。UC3843AN芯片损坏最常见的是6、7脚对地击穿，5、7脚对地击穿和1、7脚对地击穿。如果这几个引脚都未击穿，而开关电源还是不能正常启动，则UC3843AN必坏，应直接更换。若判断芯片未坏，则就着重检查开关功率管栅极（G极）的限流电阻是否开焊、虚接、变值、变质，以及开关功率管本身是否性能不良。除此之外，电源输出线断线或接触不良也会造成这种故障。因此在维修时也应注意检查一下。

（3）熔丝熔断　一般情况下，熔丝熔断说明开关电源的内部电路存在短路或过流的故障。由于开关电源工作在高电压、大电流的状态下，直流滤波和变换振荡电路在高压状态下的工作时间太长，电压变化相对大。电网电压的波动、浪涌都会引起电源内电流瞬间增大而使熔丝熔断。重点应检查电源输入端的整流二极管、高压滤波电解电容、开关功率管、UC3843AN本身及外围元器件等。检查一下这些元器件有无击穿、开路、损坏、烧焦、炸裂等现象。维修方法：首先仔细查看电路板上面的各个元件，看这些元件的外表有没有被烧煳、有没有电解液溢出，闻一闻有没有异味。经看、闻之后，再用万用表进行检查。首先测量一下电源输入端的电阻值，若小于200kΩ，则说明后端有局部短路现象；然后分别测量四个整流二极管正、反向电阻和两个限流电阻的阻值，看其有无短路或烧坏；接着测量一下电源滤波电容是否能进行正常充放电；最后测量一下开关功率管是否击穿损坏，以及UC3843AN本身及周围元件是否击穿、烧坏等。需要说明的一点是：因是在路测量，有可能会使测量结果有误，造成误判。因此必要时可把元器件焊下来再进行测量。如果仍然没有上述情况则测量一下输入电源线及输出电源线是否内部短路。一般情况下，对于熔断器熔断故障，整流二极管、电源滤波电容、开关功率管、UC3843AN是易损件，损坏的概率可达95%以上，一般着重检查一下这些元器件，就可很容易地排除此类故障。

（4）电源负载能力差　一般都是出现在老式或是工作时间长的电源中，主要原因是各元器件老化、开关管的工作不稳定、没有及时进行散热等。此外还有稳压二极管发热漏电、整流二极管损坏等。维修方法：用万用表着重检查一下稳压二极管、高压滤波电容、限流电阻有无变质等，再仔细检查一下电路板上的所有焊点是否开焊、虚接等。把开焊的焊点重新焊牢，更换变质的元器件，一般故障即可排除。

（5）输出电压不稳定　可能是因为反馈回路的问题，或者是电源的负载发生了变化。检查反馈回路的元件，如光耦、电阻、电容等是否工作正常，确认负载是否稳定。

（6）输出电压过高或过低　可能是因为反馈回路的问题，或者是参考电压源的问题。检查反馈回路的元件和参考电压源是否工作正常。

（7）输出直流电压过低　根据维修经验可知，除稳压控制电路会引起输出电压过低外，还有一些原因会引起输出电压过低，主要有以下几点：

① 开关电源负载有短路故障。此时，应断开开关电源电路的所有负载，以区分是开关电源电路还是负载电路有故障。若断开负载电路电压输出正常，说明是负载过重；若仍不正常，说明开关电源电路有故障。

② 输出电压端整流二极管、滤波电容失效等，可以通过代换法进行判断。

③ 开关功率管的性能下降，必然导致开关管不能正常导通，使电源的内阻增加，带负载能力下降。

④ 开关功率管的源极（S极）通常接一个阻值很小但功率很大的电阻，作为过流保护检测电阻，此电阻的阻值一般在$0.2 \sim 0.8\Omega$之间。此电阻如变值或开焊、接触不良也会造成输出电压过低的故障。

⑤ 高频变压器不良，不但造成输出电压下降，还会造成开关功率管激励不足，从而屡损开关管。

⑥ 高压直流滤波电容不良，造成电源带负载能力差，一接负载输出电压便下降。

⑦ 电源输出线接触不良，有一定的接触电阻，造成输出电压过低。

⑧ 电网电压是否过低。虽然开关电源在低压下仍然可以输出额定的电压

值，但当电网电压低于开关电源的最低电压限定值时，也会使输出电压过低。

维修方法：对于这种故障，可以根据以上故障原因来逐一进行排查。但在实际维修时，可根据实际情况来进行排查，不一定要逐一排查。首先用万用表检查一下高压直流滤波电容是否变质、容量是否下降、能否正常充放电。如无以上现象，则测量一下开关功率管的栅极（G极）的限流电阻以及源极（S极）的过流保护检测电阻是否变值、变质或开焊，以及接触不良。经判别后，若无问题，就检查一下高频变压器的铁芯是否完好无损。因在日常生活使用中，不可避免的重摔或重撞会使高频变压器的铁芯损坏，高频变压器的磁通量、磁感应强度及磁路等都会受到很大的影响，造成传输的效率、能量大打折扣。高频变压器为了减小涡流，增大高频交流电的传输效率，它的铁芯是用软磁铁氧体制作而成。这种磁性材料具有高的磁导率，但质脆、易碎，因此它的损坏率也是很高的。所以在维修时千万不要忘了检查此处，以免走弯路。除此之外，还有可能是输出滤波电容容量降低，甚至失容或开焊、虚接，电源输出限流电阻变值或虚接，电源输出线虚接。在实际维修时，这些因素都不要放过，都应检查一下，以保证万无一失。

（8）电源过热　可能是因为电源的负载过大，或者是散热问题。检查电源的负载是否过大，确认散热器和风扇是否工作正常。散热风扇不转的故障原因主要是控制风扇的三极管损坏，或者风扇本身损坏或风叶被杂物卡住。但有些开关电源中采用的是智能散热，对于采用这种方式散热的开关电源，热敏电阻损坏的概率是很大的。维修方法：首先用万用表测量一下控制风扇的三极管是否损坏，若测得此管未损坏那就有可能是风扇本身损坏。可以把风扇从电路板上拔下来，另外接上一个12V的直流电（注意正负极），看是否转动，并看有无异物卡住。若摆动几下风扇的电线，风扇就转动，则说明电线内部有断线或接头接触不良。若仍不转动，则风扇必坏。对于采用智能散热的开关电源来说，除按上述检查外，还应检查一下热敏电阻是否不良或损坏、开焊等。但要注意此热敏电阻为负温度系数的热敏电阻，更换时应注意。

（9）电源噪声大　可能是因为电源的输入或输出电容器损坏，或者是开关频率发生了变化。检查电源的电容器是否工作正常，确认开关频率是否稳定。

? 问题思考

1. 如何进行开关电源的调试？写出步骤。

2. 在调试开关电源时会遇到哪些故障？怎么解决的？

项目八
空调控制器的制作

项目描述

空调及其附属空调控制器作为制冷及制热设备,在家庭及各类公共场所楼宇消防中的应用极其广泛,当环境温度过高或过低时,通过空调控制器调节室内环境温度。本项目为一综合训练项目,学生可完成空调器主板及空调遥控器制作两部分。通过该控制系统的制作及功能调试,强化元件焊接、产品装配、产品调试、PCB板设计等综合性技能,深入理解电子电路,拓展单片机相关知识与应用。

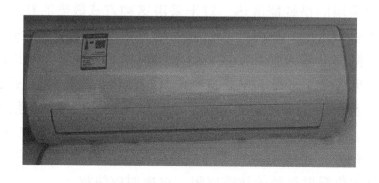

项目目标

1. 了解空调器主板及空调遥控器基本电路组成。
2. 能基于焊接工艺标准,使用电烙铁等工具完成空调器主板及空调遥控器的装配任务。
3. 能正确使用万用表及示波器等常用仪器仪表完成空调器主板及空调遥控器的功能调试及检测。
4. 能使用常用电子电路设计软件,如Altium Designer、Proteus等,依据电路原理图完成PCB板设计。

任务一　空调控制器原理图识读及PCB板设计

任务目标

知识目标	1. 了解空调器主板及空调遥控器基本电路组成。 2. 掌握电路图绘制及PCB板设计的方法步骤。
能力目标	1. 能正确叙述空调器主板及空调遥控器电路组成。 2. 能使用Altium Designer或Proteus等软件正确绘制电路图并规范设计PCB板。
素养目标	1. 通过空调器主板及空调遥控器电路分析,逐步培养整体电路分析的思维习惯及意识。 2. 通过正确电路图绘制、规范设计PCB板,逐步锻炼依据规范标准的设计思维。
思政要素	学生通过了解单片机技术发展历史及我国高端科技的发展需求,树立努力学习、科技兴国的学习目标。通过正确绘制电路图、规范设计PCB板,逐步养成认真严谨、规范标准的工作作风。

学生任务单

	任务名称	空调控制器原理图识读及PCB板设计
	学习小组	
	小组成员	
	任务评价	

续表

自学简述	通过课前自学，从以下几部分进行简述： 空调器系统由哪几部分构成？如何实现其温控功能？通过搜集相关空调器电路分析基本工作原理。			
任务分析	制定任务实施步骤	根据任务目标，通过浏览资源、查阅资料，在教师引导下分析空调器电路的基本工作原理，分析正确绘制空调器主板及空调遥控器电路原理图、规范设计PCB板的工作流程及注意事项，制定任务实施步骤（画出流程图）。		
	小组成员任务分工	任务分工		完成人
任务实施	按完成步骤记录	第　步		
		第　步		
		第　步		
		第　步		
		第　步		
		第　步		
		第　步		
	重点记录 （知识、技能、规范、方法及工具等）			

续表

任务实施	难点记录	
课后反思	出现问题及解决方案	
	课后学习	

任务评价	自我评价 （30分）	课前学习	时间观念	实施方法	知识技能	成果质量	分值
	小组评价 （30分）	任务承担	时间观念	团队合作	知识技能	成果质量	分值
	教师评价 （40分）	任务承担	时间观念	团队合作	知识技能	成果质量	分值

知识与技能

一、空调器主板及空调遥控器电路

1. 空调器主板电路

该电路由主板电源电路、温控电路、数码及显示电路、红外发射及接收电路、蜂鸣器电路等组成，如图8-1所示。

2. 空调遥控器电路

空调遥控器电路由单片机及微动开关组成，电路如图8-2所示。

二、绘制电路图并设计PCB板

首先在Altium Designer软件环境下建立.DDB格式的工程库文件，例如××.DDB，然后保存。

1. 绘制电路原理图

（1）在××.DDB工程库文件中新建一个××.sch的原理图子文件并保存。

（2）按照图8-3进行电路原理图的绘制，要求各集成块引脚位置及属性按图中所示设置，并参照图8-4所示印制板图对各元件的封装进行设置。

（3）生成原理图的网络表文件及元件列表文件。

（4）绘制图8-3中的元件"TL431"，要求其封装与三极管8050一致。

（5）保存文件。

2. 设计印制板图

（1）在××.DDB工程库文件中新建一个××.PCB子文件并进行保存。

（2）利用PCB设计向导生成图8-3的PCB图，印制板的尺寸为60mm×60mm，可参照图8-4进行元件布局，也可自行调整元件布局。

（3）按图8-5绘制"J3"元件的封装，其孔径可选取1.1mm。

（4）自动布线并进行手动调整。

（5）保存文件。

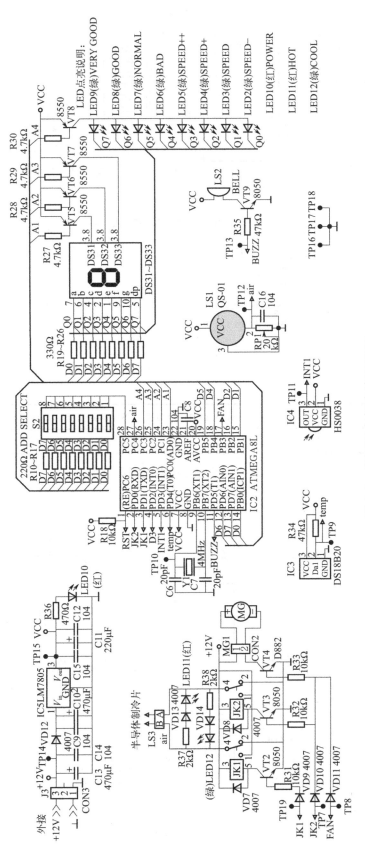

图 8-1 空调器主板电路原理图

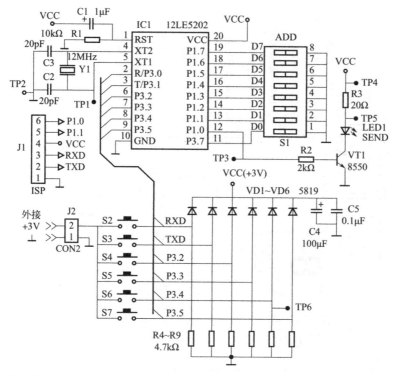

图 8-2 空调遥控器电路原理图

按钮功能：		
S2：开/关	S3：风速显示，LED2～LED5依次发亮	S4：风速显示，LED5～LED2依次发亮
S5：升温	S6：测试	S7：降温

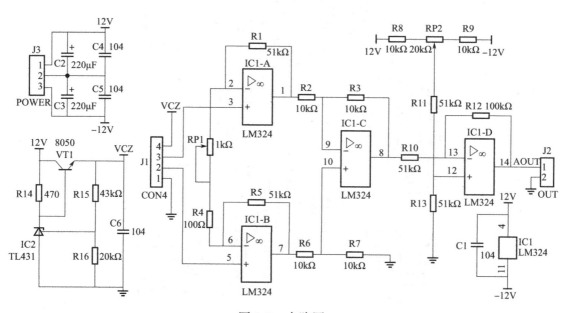

图 8-3 电路图

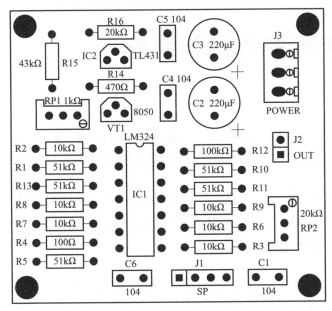

图 8-4 印制板图

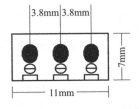

图 8-5 "J3" 元件的封装

> **问题思考**

1. 空调器主板电路由几部分构成？其功能分别是什么？
2. 空调遥控器电路由几部分构成？其功能分别是什么？

项目八 空调控制器的制作

任务二　空调控制器的焊接与装配

任务目标

知识目标	1. 熟悉空调控制器元件焊接与装配工艺评价标准。 2. 掌握空调控制器焊接与装配的安全注意事项。
能力目标	1. 能够正确识别并检测判断空调控制器中各电气元件的质量。 2. 能够按照焊接与装配工艺评价标准，使用焊接工具焊接装配符合产品出厂标准的空调控制器。
素养目标	1. 通过小组合作，逐步培养学生分工协作的意识。 2. 通过空调控制器焊接及装配，逐步培养学生安全操作意识、元器件的质量把控意识。
思政要素	通过空调控制器的焊接与装配，使学生养成规范操作意识、安全操作意识、产品质量把控意识，掌握6S的管理理念，培养技艺精湛的未来工匠。

学生任务单

	任务名称	空调控制器的焊接与装配
	学习小组	
	小组成员	
	任务评价	

自学简述	通过课前自学，从以下几部分进行简述： 空调控制器中的电阻、电容、二极管等各类元件如何检测？其作用都分别是什么？按照工程实际，应遵循何种焊接顺序及安装要求？贴片元件的焊接注意事项是什么？

续表

任务分析	制定任务实施步骤	根据任务目标，通过浏览资源、查阅资料，在教师引导下分析空调器电路焊接与装配的步骤、方法、标准，分析安全、规范操作的工作流程及注意事项，制定任务实施步骤（画出流程图）。	
	小组成员任务分工	任务分工	完成人
任务实施	按完成步骤记录	第　步	
		第　步	
		第　步	
		第　步	
		第　步	
		第　步	
		第　步	

续表

任务实施	重点记录（知识、技能、规范、方法及工具等）						
	难点记录						
课后反思	出现问题及解决方案						
	课后学习						
任务评价	自我评价（30分）	课前学习	时间观念	实施方法	知识技能	成果质量	分值
	小组评价（30分）	任务承担	时间观念	团队合作	知识技能	成果质量	分值
	教师评价（40分）	任务承担	时间观念	团队合作	知识技能	成果质量	分值

知识与技能

一、元器件的选择及检测

1. 认识并检测空调器主板电路的元器件

空调器主板电路元器件名称、型号规格见表8-1。可借助万用表对电子元件进行检测,只有元器件的性能良好才能保证电路工作正常。

表8-1 空调器主板元件检测记录表

序号	标号	名称	型号规格	测量结果	序号	标号	名称	型号规格	测量结果
1	C6、C7	贴片电容	20(20pF)		12	IC5	集成块	LM7805	
2	C8、C9	贴片电容	104(100nF)		13	J3	电源插座	CON3	
3	C10	电解电容器	470μF/50V		14	MG1	风扇插座	CON2	
4	C11	电解电容器	220μF/50V		15	MG	风量电机	DC12V	
5	C12	贴片电容	104(100nF)		16	JK1、JK2	继电器	HG4231	
6	C13	电解电容器	470μF/50V		17	LED2～LED9	贴片发光二极管	绿色	
7	C14～C16	贴片电容	104(100nF)		18	LED10、LED11	贴片发光二极管	红色	
8	DS31～DS33	数码管	SM4105A		19	LED12	贴片发光二极管	绿色	
9	IC2	MCU(带支架)	ATMEGA8L		20	LS1	空气质量传感器	QS-01	
10	IC3	温度传感器(配有插座和插头)	DS18B20		21	LS2	蜂鸣器	THD	
11	IC4	红外接收头	HS0038		22	LS3	制冷片插座	CON2	

项目八 空调控制器的制作

续表

序号	标号	名称	型号规格	测量结果	序号	标号	名称	型号规格	测量结果
23	R10～R17	贴片电阻	220Ω		32	S2	地址码选择器	ADD	
24	R18	贴片电阻	10kΩ		33	TP7～TP19	测试杆		
25	R19～R26	贴片电阻	330Ω		34	VD7～VD14	贴片二极管	4007	
26	R27～R30	贴片电阻	4.7kΩ		35	VT2、VT3	贴片三极管	8050	
27	R31～R33	贴片电阻	10kΩ		36	VT4	三极管	D882	
28	R34、R35	贴片电阻	4.7kΩ		37	VT5～VT8	贴片三极管	8550	
29	R36	贴片电阻	470Ω		38	VT9	贴片三极管	8050	
30	R37、R38	贴片电阻	2kΩ		39	Y1	晶体振荡器	4MHz	
31	RP1	电位器	20kΩ		40		塑胶支架	6粒	

2. 认识并检测空调遥控器电路的元器件

空调遥控器电路的元器件名称、型号规格见表8-2。可借助万用表对电子元器件进行检测，只有元器件的性能良好才能保证电路工作正常。

表8-2 空调遥控器电路的元器件检测记录表

序号	标号	名称	型号规格	测量结果	序号	标号	名称	型号规格	测量结果
1	C1	贴片电解电容	1μF		5	C5	贴片电容	0.1μF	
2	C2	贴片电容	20pF		6	IC1	贴片MCU	12LE5202	
3	C3	贴片电容	20pF		7	J1	ISP		
4	C4	贴片电解电容	100μF/16V		8	J2	电源插座	CON2	

续表

序号	标号	名称	型号规格	测量结果	序号	标号	名称	型号规格	测量结果
9	LED1	红外发射管	SEND		15	S2～S7	微动按钮		
10	R1	贴片电阻	10kΩ		16	TP1～TP6	测试杆		
11	R2	贴片电阻	2kΩ		17	VD1～VD6	贴片二极管	5819(SS14)	
12	R3	电阻器	20Ω/1W		18	VT1	贴片三极管	8550	
13	R4～R9	贴片电阻	4.7kΩ		19	Y1	晶体振荡器	12MHz	
14	S1	地址码选择器	ADD		20		电池盒及固定螺钉		

二、印制电路板的焊接

根据空调遥控器、空调器主板电路图及元器件表，选择测试后质量完好的元器件，把元器件准确地焊接在空调遥控器和空调器主板两块印制电路板上。

1. 整体焊接要求

（1）在印制电路板上所焊接的元器件的焊点大小适中，无漏、假、虚、连焊，焊点光滑、圆润、干净、无毛刺。

（2）引脚加工尺寸及成形符合工艺要求。

（3）导线长度、剥线头长度符合工艺要求，芯线完好，捻线头镀锡。

2. 贴片元件的焊接工艺评价标准（见表8-3）

表8-3 贴片元件焊接工艺评价标准

焊接评价（A～E分级）	焊接评价要点	焊接评价结果
A级	① 所焊接的元器件的焊点适中 ② 无漏、假、虚、连焊 ③ 焊点光滑、圆润、干净、无毛刺 ④ 焊点基本一致，没有歪焊	
B级	① 所焊接的元器件的焊点适中 ② 无漏、假、虚、连焊 ③ 个别（1～2个）元器件有以下现象：有毛刺、不光亮，或出现歪焊	

续表

焊接评价（A～E 分级）	焊接评价要点	焊接评价结果
C 级	3～5 个元器件有漏、假、虚、连焊，或有毛刺、不光亮、歪焊	
D 级	有严重(6 个元器件以上)漏、假、虚、连焊，或有毛刺、不光亮、歪焊	
E 级	完全没有贴片焊接得 0 分	
签字		

3. 非贴片元件的焊接工艺评价标准（见表8-4）

表8-4 非贴片元件焊接工艺评价标准

焊接评价（A～E 分级）	焊接评价要点	焊接评价结果
A 级	① 焊接的元器件的焊点适中，无漏、假、虚、连焊，焊点光滑、圆润、干净、无毛刺 ② 焊点基本一致，引脚加工尺寸及成形符合工艺要求 ③ 导线长度、剥线头长度符合工艺要求，芯线完好，捻线头镀锡	
B 级	① 所焊接的元器件的焊点适中，无漏、假、虚、连焊 ② 个别(1～2 个)元器件有以下现象：有毛刺、不光亮，或导线长度、剥线头长度不符合工艺要求，捻线头无镀锡	
C 级	① 3～6 个元器件有漏、假、虚、连焊，或有毛刺、不光亮 ② 导线长度、剥线头长度不符合工艺要求，捻线头无镀锡	
D 级	① 有严重(7 个元器件以上)漏、假、虚、连焊，或有毛刺、不光亮 ② 导线长度、剥线头长度不符合工艺要求，捻线头无镀锡焊	
E 级	超过 1/5 的元器件(15 个以上)没有焊接在电路板上	
签字		

三、电子产品的安装

根据空调遥控器及空调器主板电路图和元器件表，把清单上的电子元器件及功能部件正确地插装焊接在空调遥控器和空调器主板的两块印制电路板上。

1. 整体焊接要求

（1）元器件焊接安装无错漏，元器件、导线安装及元器件上的字符标示方向均应符合工艺要求。

（2）电路板上的插件位置正确，接插件、紧固件的安装可靠牢固。

（3）线路板和元器件无烫伤和划伤处，整机清洁无污物。

2. 成品焊接评价标准（见表8-5）

表8-5 成品焊接评价标准

焊接评价（A～D分级）	焊接评价要点	焊接评价结果
A级	① 焊接安装无错漏 ② 电路板插件位置正确 ③ 元器件极性正确 ④ 接插件、紧固件安装可靠牢固 ⑤ 电路板安装对位 ⑥ 整机清洁无污物	
B级	① 元器件均已焊接在电路板上，但出现错误的焊接安装（1～2个）元器件 ② 缺少（1～2个）元器件或插件 ③ 1～2个插件位置不正确或元器件极性不正确 ④ 元器件、导线安装及字标方向不符合工艺要求 ⑤ 1～2处出现烫伤和划伤，有污物	
C级	① 缺少（3～5个）元器件或插件 ② 3～5个插件位置不正确或元器件极性不正确 ③ 元器件、导线安装及字标方向不符合工艺要求 ④ 3～5处出现烫伤和划伤，有污物	
D级	① 有严重缺少（6个以上）元器件或插件6个以上插件位置不正确或元器件极性不正确，元器件导线安装及字标方向不符合工艺要求 ② 6处以上出现烫伤和划伤，有污物	
签字		

? 问题思考

1. 贴片元件及非贴片元件的焊接工艺评价标准是什么？

2. 总结空调遥控器及空调器主板的焊接与装配中，为保障高效焊接合格产品的安全注意事项。

任务三　空调控制器功能调试及检测

任务目标

知识目标	1. 掌握空调控制器功能调试的方法。 2. 掌握利用万用表、示波器等仪器仪表对空调控制器进行检测的方法。
能力目标	1. 能够依据故障现象，结合原理图分析故障原因，正确规范排除故障，完成空调控制器功能调试。 2. 能够利用万用表、示波器等仪器仪表正确检测空调控制器各部分电路电压波形。
素养目标	1. 通过空调控制器功能调试及检测，逐步培养学生规范安全操作的意识。 2. 提高学生依据故障现象、原理图、仪表测试数据，分析故障原因的逻辑思维能力。
思政要素	通过功能调试及检测，引导学生规范使用电子仪器、测试分析数据、逻辑判断故障原因，完成产品的质量控制。引导学生了解电子行业的工业标准，逐步培养企业岗位的标准意识。

学生任务单

任务名称	空调控制器功能调试及检测
学习小组	
小组成员	
任务评价	

续表

自学简述	通过课前自学,从以下几部分进行简述: 空调控制器的功能有哪些?如何通过电路控制实现这些功能?			
任务分析	制定任务 实施步骤	调研查找空调控制器常见电气故障的现象,并分析故障原因。		
	小组成员 任务分工	任务分工		完成人
任务实施	按完成 步骤记录	第 步		
		第 步		
		第 步		
		第 步		
		第 步		
		第 步		
		第 步		
	重点记录 (知识、技能、 规范、方法及 工具等)			

续表

任务实施	难点记录						
课后反思	出现问题及解决方案						
	课后学习						
任务评价	自我评价 （30分）	课前学习	时间观念	实施方法	知识技能	成果质量	分值
	小组评价 （30分）	任务承担	时间观念	团队合作	知识技能	成果质量	分值
	教师评价 （40分）	任务承担	时间观念	团队合作	知识技能	成果质量	分值

知识与技能

一、空调控制器电路功能调试

"空调器主板及空调遥控器"调试工作单见表8-6。

表8-6 调试工作单

调试步骤	调试流程	调试标准	调试异常记录	是否工作正常(√)
1	空调器主板电源电路	空调器主板正确连接+12V电源,发光二极管LED10点亮		
2	空调遥控器电路	空调遥控器接上电池后,按下微动开关S2,主板温控电路的LED6~LED9随机一只点亮,数码显示管点亮,能够遥控空调器主板工作,空调遥控电路工作正常		
3	地址码编码	根据你所在的学习小组号,对空调遥控器电路地址码开关S1和空调器主板地址码开关S2进行编码(用二进制数),同时使S1和S2的编码$D_7D_6D_5D_4D_3D_2D_1D_0$(电路中S1、S2的拨码开关顺序号为8、7、6、5、4、3、2、1,拨码开关位置在"ON"时为1,否则为0)为组长的学号。记录你设置的编码是( )		
4	空调器主板数码及显示电路	空调器主板正确连接+12V电源,按下遥控器微动按钮S2,数码管DS31~DS33初显的数字是否为"0.0.0.",并很快转变为表示室内温度的数字		
5	红外发射及接收电路	连续按下微动开关S3,主板温控电路显示风速的LED2~LED5依次点亮,		

续表

调试步骤	调试流程	调试标准	调试异常记录	是否工作正常（√）
5	红外发射及接收电路	或连续按下微动开关 S4，主板温控电路显示风速的 LED5～LED2 依次点亮。连续按下微动开关 S5，主板温控电路数码管 DS31～DS33 显示温度数字上升，连续按下微动开关 S7，主板温控电路数码管 DS31～DS33 显示温度数字下降		
6	空调器主板温度控制电路	① 空调器主板正确连接 +12V 电源，按下空调遥控器 S2，空调器主板上的 LED12 发光二极管点亮（绿色）表示制冷；空调器主板上的 LED11 发光二极管亮（红色）表示制热。 ② 如果制冷，连续按下空调遥控器的 S5(UP) 键，LED12 发光二极管熄灭，继续按 S5 键，LED11 发光二极管会点亮（表示制热）；如果制热，连续按下空调遥控器的 S7(DOWN) 键，LED11 发光二极管熄灭。继续按 S7 键，LED12 发光二极管会亮（表示制冷）。 ③ 连续按下空调遥控器 S3 或 S4，直流风机 MG 转速变化，表示对应风量的发光二极管 LED2～LED5 其中一只点亮		
7	蜂鸣器	空调遥控器电路和空调器主板接通电源后，每按一下空调遥控器电路上的微动按钮 S2～S7 均可听到蜂鸣器发出"嘟"的一声		
	签字			

二、空调控制器电路检测

依据空调器主板及空调遥控器电路图正确选用仪器仪表,对完成电路调试的空调遥控器及空调器主板电路,测量空调器主板、空调器主板微处理器等电路,并把测量的结果分别记录在表8-7~表8-10中。

表8-7 测量记录单

调试步骤	调试流程	调试标准	调试异常记录	是否工作正常(√)
1	空调器主板	空调器主板接通电源后,发光二极管LED9亮,表示空气质量很好。检测此时空气质量检测传感器的输出电压是___		
2	发射时LED1两端压降	检测LED1(空调遥控器红外发射二极管)在发射红外线时的两端压降。发射时LED1的两端压降是___。 ① 测量要求:允许电压有不大的误差,但不能有较大的偏离。 ② 注意事项:用万用表直接测量LED1的两端压降,只测出很小的压降,影响测量结果的准确性。 ③ 工程常用的测量方法:将万用表的黑表笔接地,在发射红外线时,红表笔分别接LED1的两端,读出电压后算出两端的压降		
3	空调器主板微处理器两端电压	空调器主板电机MG风量受控变化时,使用仪器测量微处理器IC2输出端口"17"脚驱动电压及电机(MG)两端电压,并把测量的结果填在表8-8中。 ① 测量要求:每个电压允许有不大的误差,但两电压的递减应该是接近等差的数值。 ② 注意事项:以上电压是在带载(带电机MG)情况下测量的,如果没有带载,数值会比以上所测量的值要大		
4	空调器主板微处理器IC2时钟脉冲	用仪器测量微处理器IC2的时钟脉冲的波形及周期、幅度,并记录在表8-9中。 绘制要求:画波形时,不要多于4个周期或幅度小于2格		

续表

调试步骤	调试流程	调试标准	调试异常记录	是否工作正常（√）
5	空调器主板微处理器IC2输出数据D_0的编码	测量微处理器IC2"14"脚的波形及周期、幅度，并记录在表8-10中。 ① 绘制要求：画波形时不要多于4个周期或幅度小于2格。注意波形顶部如果倾斜，原因是示波器探头使用时没有选择衰减10倍，可对示波器进行调节。 ② 根据波形记录，以低电平为0，高电平为1，起点时序为第1个低电平，全周期为4位编码，则数据D_0的编码是___		
6	按下遥控器S2～S7各键	蜂鸣器发出声音时，TP13的电平由__变__		
签字				

表8-8　空调器主板微处理器两端电压

发光二极管（亮）	LED5	LED4	LED3	LED2
功能显示	SPEED ++	SPEED +	SPEED	SPEED -
IC2"17"脚电压				
MG两端电压				

表8-9　空调器主板微处理器IC2的时钟脉冲

波形	周期	幅度
	量程挡位	量程挡位
	格数	格数

表8-10 空调器主板微处理器IC2"14"脚的波形及周期、幅度

波形	周期	幅度
	量程挡位	量程挡位

? 问题思考

1. 空调遥控器红外发射二极管LED1在发射红外线时的两端压降应为多少?
2. 空调器主板微处理器IC2输出数据D_0的编码为多少?

参考文献

[1] 石小法. 电子技能与实训(电子电器应用与维修专业)[M]. 北京：高等教育出版社，2002.

[2] 林红华，聂辉海，陈红云. 电子产品模块电路及应用[M]. 北京：机械工业出版社，2011.

[3] 孔凡才，周良权. 电子技术综合应用创新实训教程[M]. 北京：高等教育出版社，2008.